W0254814

PROTOPLASMATOLOGIA

HANDBUCH DER PROTOPLASMAFORSCHUNG

HERAUSGEGEBEN VON

L. V. HEILBRUNN UND F. WEBER
PHILADELPHIA GRAZ

BAND VI

KERN- UND ZELLTEILUNG

C

ENDOMITOSE UND ENDOMITOTISCHE POLYPLOIDISIERUNG

WIEN
SPRINGER-VERLAG
1953

PROTOPLASMATOLOGIA

HANDBUCH DER PROTOPLASMAFORSCHUNG

IN 14 BÄNDEN

HERAUSGEGEBEN VON

L. V. HEILBRUNN UND F. WEBER
PHILADELPHIA GRAZ

MITHERAUSGEBER

W. H. ARISZ-GRONINGEN · H. BAUER-WILHELMSHAVEN · J. BRACHET-BRUXELLES · H. G. CALLAN-ST. ANDREWS · R. COLLANDER-HELSINKI · K. DAN-TOKYO · E. FAURÉ-FREMIET-PARIS · A. FREY-WYSSLING-ZÜRICH · L. GEITLER-WIEN · K. HÖFLER-WIEN · M. H. JACOBS-PHILADELPHIA · D. MAZIA-BERKELEY · A. MONROY-PALERMO · J. RUNNSTRÖM-STOCKHOLM · W. J. SCHMIDT-GIESSEN · S. STRUGGER-MÜNSTER

Mitarbeiter

Th. F. Anderson, Philadelphia; W. H. Arisz, Groningen; R. Biebl, Wien; G. Blum, Freiburg, Schweiz; H. L. Booij, Leiden; J. Brachet, Bruxelles; H. G. Bungenberg de Jong, Leiden; H. G. Callan, St. Andrews; K. Dan, Tokyo; P. Dangeard, Bordeaux; H. Drawert, Berlin-Dahlem; R. Duryee, Washington; L. Ernster, Stockholm; J. Eymé, Bordeaux; E. Fauré-Fremiet, Paris; A. Frey-Wyssling, Zürich; L. Geitler, Wien; H. Germ, Wien; E. N. Harvey, Princeton; L. V. Heilbrunn, Philadelphia; K. Höfler, Wien; L. Hofmeister, Wien; P. Huber, Zürich; A. Hughes, Cambridge, England; M. H. Jacobs, Philadelphia; J. D. Judah, London; N. Kamiya, Osaka; J. W. Kelly, Richmond; J. A. Kitching, Bristol, England; C. A. Knight, Berkeley; E. Kupka, Graz; E. Küster †, Gießen; A. I. Lansing, St. Louis; P. G. Le Fevre, Washington; O. Lindberg, Stockholm; S. E. Luria, Urbana; MacCardle, Bethesda; H. Marquardt, Freiburg i. Br.; D. Mazia, Berkeley; A. D. J. Meeuse, Pretoria; G. Palade, New York; A. K. Parpart, Princeton; E. S. Perner, Münster; H. H. Pfeiffer, Bremen; G. Piekarski, Bonn-Venusberg; A. Policard, Paris; E. Ponder, Mineola; Lotte Reuter, Wien; P. Rieser, Philadelphia; A. Rothstein, Rochester; H. Schindler, Wien; W. J. Schmidt, Gießen; J. Small, Belfast; K. M. Smith, Cambridge, England; T. M. Sonneborn, Bloomington; W. C. Spector, London; W. M. Stanley, Berkeley; H. Staudinger und Magda Staudinger, Freiburg i. Br.; S. Strugger, Münster; A. Tyler, Cambridge, England; H. Ullrich, Stuttgart-Berg; K. Umrath, Graz; B. Wada, Tokyo; V. Wartiovaara, Helsinki; F. Weber, Graz; F. Wiercinski, Philadelphia; W. L. Wilson, Burlington; K. Zeiger, Hamburg; und andere

130. 3. 54. 20. B.

Disposition

ENDOMITOSE UND ENDOMITOTISCHE POLYPLOIDISIERUNG

VON

LOTHAR GEITLER
WIEN

MIT 44 TEXTABBILDUNGEN

WIEN
SPRINGER-VERLAG
1953

ISBN-13: 978-3-211-80311-0 e-ISBN-13: 978-3-7091-5448-9
DOI: 10.1007/978-3-7091-5448-9

Protoplasmatologia
VI. Kern- und Zellteilung
C. Endomitose

Endomitose und endomitotische Polyploidisierung

Von

Lothar Geitler, Wien

Mit 44 Textabbildungen

Inhaltsübersicht

Einleitung

Als Endomitose wird die im natürlichen Ablauf der Entwicklung eines Organismus erfolgende Zweiteilung der Chromosomen bzw. ihrer Äquivalente im Zellkern ohne Bildung einer Spindel und ohne Teilung des Kerns bezeichnet. Ihr Ergebnis ist ein Kern mit verdoppelter oder bei Wiederholung des Vorgangs mit vervielfachter Chromosomenzahl. Die endomitotische Polyploidisierung (e. P.), die in manchen Fällen nur zur Tetraploidie, in anderen bis zu 1024- und 2048-Ploidie und wahrscheinlich auch viel höheren Graden führt — für die Speicheldrüsenkerne der Dipterenlarven liegt eine Schätzung auf ± 16.000-Ploidie vor —, ist bei Einzellern und Vielzellern, bei Tieren wie bei Pflanzen weit verbreitet und stellt einen gesetzmäßig ablaufenden Vorgang dar, der mit der Differenzierung der betreffenden Zelle, des Gewebes oder des Organs wesentlich verknüpft ist. Dies bedeutet allerdings nicht, daß die e. P. die Ursache der Differenzierung ist; es gibt Zellen und Gewebe, die ihre Differenzierung ohne Vervielfachung ihres Chromosomenbestandes durchmachen; und auch dann, wenn die Differenzierung mit e. P. einhergeht, bedient sie sich dieser, erscheint aber nicht als ihre Folge.

Die e. P. ist unverträglich mit der Annahme der Chromosomenkonstanz in ausdifferenzierten Zellen und im Soma von Vielzellern. Das Festhalten am Dogma der Chromosomenkonstanz war der Grund, weshalb lange bekannte Tatsachen oder Vermutungen nicht beachtet wurden und keine allgemeine Geltung gewinnen konnten. Allerdings konnte man sich vor der Entdeckung der Colchizinmitose einen solchen Vorgang auch rein mechanisch kaum vorstellen. Außerdem war und ist es auch jetzt nur selten möglich, den Chromosomenbestand ausdifferenzierter Zellen unmittelbar festzustellen, da ja in der Regel keine Mitosen ablaufen und damit die einfachste Möglichkeit der Chromosomenzählung wegfällt; die Annahme des Weiterbestehens der diploiden Chromosomenzahl war daher naheliegend. Alles zusammen bewirkte, daß Angaben polyploider Chromosomenzahlen in Geweben und andere Anzeichen von e. P. nicht entsprechend ausgewertet wurden. Dies gilt z. B. für die „hyperchromatischen" Mitosen, die NĚMEC schon 1905 in den Gefäßanlagen der Wurzelspitzen von Angiospermen beobachtete; NĚMEC selbst postulierte eine „innere" Chromosomenvermehrung, da er die Entstehung durch Kernverschmelzung ganz richtig für ausgeschlossen hielt. STOMPS (1910) beobachtete polyploide Mitosen in den Wurzeln von *Spinacia*, glaubte sie allerdings aus Kernverschmelzungen erklären zu können. Es gilt ferner für die oftmals in Geweben von Insekten festgestellte Polyploidie, die schon E. B. WILSON (1928, 871) für wesentlich hielt. WINKLER fand 1916 im Zuge seiner Pfropfungsversuche an *Solanum* tetra- und oktoploide Mitosen und nahm an, daß Polyploidie für die Dauergewebe der Angiospermen typisch wäre. Für bestimmte Protisten mit riesenhaft vergrößerten Kernen, die multiple Mitosen eingehen, postulierte MAX HARTMANN 1909 einen polyenergiden Bau (vgl. dazu HARTMANN 1952). Auf Grund hypothetischer Vorstellungen nahmen innere Chromosomenvermehrung ROSENBERG (1904) für die großen

Kerne des Suspensorhaustoriums von *Capsella* und GUTTENBERG (1909) für die vergrößerten Kerne pilzinfizierter Zellen von *Adoxa* an.

Völlig klare und beweisende Angaben nicht nur über e. P., sondern auch über die Endomitose selbst machte VEJDOVSKÝ (1911/12) für die großen, langgestreckten Kerne der Ringmuskulatur des Nematoden *Gordius*, in denen die auch im Ruhekern individualisiert erkennbaren Chromosomen wiederholt vervielfacht werden (Abb. 1). VEJDOVSKÝ selbst hat den Vorgang und seine Bedeutung richtig erkannt, hielt ihn aber für eine einzig dastehende Ausnahme.

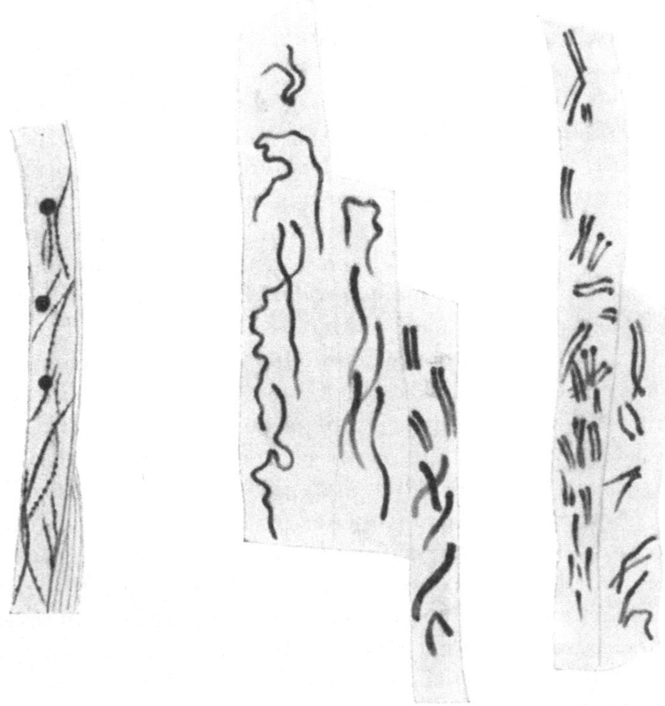

Abb. 1. *Gordius pustulosus*, Endomitose in den sehr langgestreckten Muskelkernen (Ausschnitte); links Ruhekern, rechts fünf Stadien von Endoprophase bis Endotelophase. — Nach VEJDOVSKÝ 1911/1912.

Diese und manche andere ältere Angaben lassen sich nunmehr in größerem Zusammenhang verstehen und als Sonderfälle einer im ganzen Tier- und Pflanzenreich verbreiteten Erscheinung, der e. P. im Zuge der Differenzierung erkennen. — Allerdings kommt intraindividuelle Polyploidie nicht ausschließlich durch e. P. zustande; polyploide Kerne können auch durch Mitoseanomalien — Restitutionskernbildungen im weitesten Sinn — oder durch Kern- und Spindelfusionen entstehen, und zwar nicht nur in pathologischen Fällen, sondern auch, obgleich selten, im Ablauf der normalen Entwicklung, so im männlichen und weiblichen Gametophyten der Angiospermen.

A. Die Tatsachen

1. Allgemeines

Methodologisch sind z. Zt. drei verschiedene Fälle zu unterscheiden: 1. gibt es Objekte, bei denen sich die Endomitose selbst unmittelbar beobachten läßt, 2. gibt es solche, bei denen das Ergebnis der Endomitose, die endomitotisch entstandene Polyploidie, sicher feststellbar ist, und 3. solche, bei denen sich die e. P. mit größerer oder geringerer Wahrscheinlichkeit nur erschließen läßt.

Der 1. Fall ist in klarster Ausprägung, soweit bisher bekannt, bei den Heteropteren realisiert (Geitler 1938, 1939, 1941), ähnlich wohl bei den Gastropoden und Isopoden (Heitz 1944), dem Nematoden *Gordius* (Vejdovský), bei Collembolen (Heitz 1951), manchen Protisten (K. Grell) und weniger klar ausgeprägt bei den Dipteren in bestimmten Geweben (nicht z. B. in den Speicheldrüsenkernen und analog gebauten Kernen). Voraussetzung für die klare Beobachtung der Endomitose ist, daß im „Ruhekern", d. h. im nicht mitotisch aktiven Kern, die Chromosomen bzw. ihre Äquivalente, also die Chromonemen oder Chromozentren, während der Endomitose einen morphologisch erkennbaren Formwechsel durchmachen. Dabei können verschiedene Grade bestehen. Der Formwechsel kann so weit gehen, daß die Chromosomen-Äquivalente auf dem Höhepunkt der Endomitose eine metaphaseähnliche Ausbildung annehmen; ihre Teilung ist dann unmittelbar verfolgbar, und der Ablauf der Endomitose entspricht in gewisser Hinsicht einer Colchizinmitose. Dieses Verhalten findet sich anscheinend um so eher, je chromosomenähnlicher, d. h. je kondensierter die Chromosomenäquivalente im Ruhekern erhalten bleiben (wie z. B. im Fall der Heteropteren). Es gibt aber auch Ruhekerne, so in den meisten Geweben der Dipteren oder bei vielen Blütenpflanzen, die ihre Chromosomen, abgesehen vom Heterochromatin, bis auf die mehr oder weniger entspiralisierten und von Matrix entblößten Chromonemen abgebaut haben („retikuläre"[1] oder Chromonemakerne). Es ist bisher kaum ein Objekt mit derart gebauten Kernen bekannt geworden, bei dem während der Endomitose ein metaphaseähnlicher Zustand erreicht worden wäre (am ehesten trifft dies zu für die frühen Endomitosen in den Einährzellkernen von *Drosophila* — Painter und Reindorf —, deren Ruhekernstruktur aber nicht klargestellt ist)[2]. Vielmehr treten die Chromosomen nur in einen prophaseähnlichen Zustand ein, so auch in den späten Endomitosen der Einährzellkerne von *Drosophila*: es wird dabei kaum mehr als der allgemeine Verlauf erkennbar: die Chromosomenteilung läßt sich nicht verfolgen und es kann keine genaue Chromosomenzählung vorgenommen werden. Dieses Verhalten findet sich extrem bei den Angiospermen und wird aus praktischen Gründen besser in Gruppe 2 behandelt.

---

[1] Sie erscheinen bei schlechter Fixierung netzig.

[2] Die „Endomitosen" im Antherentapetum der Angiospermen sind anders zu deuten (vgl. Abschn. 8).

Die 2. Gruppe umfaßt sehr verschiedene Ausbildungsweisen. Im Hinterdarm von *Culex* (Diptere) wachsen die Kerne unter e. P. heran, ohne daß der Vorgang selbst verfolgbar ist (CH. BERGER, M. GRELL 1946 b); wohl aber gehen die Kerne nach Vollendung des Wachstums Mitosen ein, in denen die Chromosomen in der inzwischen erreichten Zahl auftreten und ohne weiteres zählbar sind. Ob die Endomitosen wirklich nicht, auch nicht mit verfeinerter Methodik, beobachtbar sind, d. h. die Chromosomenvermehrung ohne jeden sichtbaren Formwechsel vonstatten geht, bleibt allerdings — namentlich nach den Erfahrungen an Angiospermen — eine offene Frage.[3] — Ebenso zeigen sich bei Angiospermen während der Endomitose keine auffallenden Veränderungen im Kerninnern. Wenn aber nachträglich ausnahmsweise Mitosen ablaufen oder Mitosen experimentell ausgelöst werden, läßt sich die erreichte Chromosomenzahl unmittelbar erkennen. — Einen Sonderfall bilden die „Schleifenkerne" mit den „Riesenchromosomen" in den Speicheldrüsen und anderen Organen der Dipterenlarven: die endomitotisch entstandenen Tochterchromosomen sind unter maximaler Strekkung der Chromonemen dicht „gepaart" und können unmittelbar nicht wahrgenommen werden (vgl. Abschn. 5); die Kerne sind auch nicht teilungsfähig. Der sichere Nachweis der e. P. wird aber durch eine genaue morphologische Analyse in Verbindung mit Analogieschlüssen und unter Vergleichung anderer Kerne erbracht; eine exakte Feststellung der Chromosomenzahl bleibt allerdings unmöglich.

Im Fall der Speicheldrüsenkerne dürfte die Beobachtung der Endomitose aus grundsätzlichen Gründen ausgeschlossen sein: sie spielt sich vermutlich im submikroskopischen Bereich ab (vgl. Abschn. 5). Es sei denn, daß wenigstens rhythmische Schwankungen in der Ausbildung der Riesenchromosomen, etwa durch wechselnden DNS-Gehalt[4] verursacht, festgestellt werden könnten; freilich wäre dadurch nur der allgemeine Ablauf markiert. Bei Angiospermen sind Schwankungen in der Ausbildung der „Ruhe"kernstruktur bereits bekannt, und zwar sowohl im Eu- wie im Heterochromatin (GEITLER 1941, 26, für *Trianea* und *Sauromatum*; Abb. 34). Daß dieser Strukturwechsel rhythmisch auftritt und sein Rhythmus mit der rhythmischen Volumzunahme der betreffenden Kerne übereinstimmt, macht es sicher, daß ihm wirklich Endomitosen zugrunde liegen (TSCHERMAK-WOESS und HASITSCHKA; Abb. 36, 37). Der Wechsel entspricht seinem Aspekt nach ungefähr dem „Zerstäubungsstadium" (HEITZ), das in gewöhnlichen sehr frühen Prophasen auftritt. Es ist wahrscheinlich, daß zumindest solche Andeutungen der Endomitose auch in anderen und grundsätzlich in allen chromonematisch oder chromozentrisch gebauten Kernen sich werden auffinden lassen. Denn es ist unwahrscheinlich, daß die endomitotische Chromonemenvervielfachung, die auf die mitotische zurückgeht — wie ja die Endomitose in gewisser Hinsicht nichts anderes als eine frühzeitig abgestoppte und andersartig weiterlaufende Mitose ist — und die doch wohl

[3] PAINTER und REINDORP glauben Endomitosen beobachtet zu haben (vgl. Abschn. 5).

[4] Desoxyribose-Nuklein-Säure.

mit physiologischen Zustandsänderungen in Zelle und Kern verbunden sein muß, sich wirklich gänzlich unsichtbar abspielen sollte.

Zur 2. Gruppe der Nachweismöglichkeiten der e. P. gehören auch die unter 1 erwähnten Kerne, in denen sich im Ruhezustand die Chromosomen auszählen lassen; also z. B. die der Heteropteren, bei denen freilich außerdem auch eine unmittelbare Beobachtung der auffallend genug verlaufenden Endomitose möglich ist. Es gehören hieher aber auch z. B. die somatischen Kerne der Orthopteren, bei denen die Endomitose selbst noch nicht sicher beobachtet wurde (BARIGOZZI 1942, GEITLER 1944 a).

Ferner gehören hieher gewisse Chromozentrenkerne von Angiospermen, in denen mit der Endopolyploidie die durchschnittliche Zahl der Chromozentren ansteigt (HUSKINS and STEINITZ 1948 a für die Wurzeln von *Rhoeo*; die e. P. ist andersartig — durch Mitoseauslösung — sicher nachgewiesen)[5].

Der 3. Fall ist dann gegeben, wenn weder die Endomitose als solche noch die Polyploidie an der Zahl der Chromosomen im Ruhekern oder in nachträglichen Mitosen ablesbar ist. Es sind also nur Rückschlüsse aus der Volumzunahme zusammen mit Struktureigentümlichkeiten und Analogieschlüssen aus definierten Kernen möglich. So wird man einen stark vergrößerten Kern, in dem auch die Menge des Eu- und Heterochromatins bedeutend zugenommen hat und in dem noch dazu als vervielfachte Chromonemen deutbare Strukturen auftreten, als polyploidisiert betrachten können (Abb. 31, 32). Dieser Betrachtungsweise haftet allerdings eine gewisse Unsicherheit an, die ceteris paribus um so größer ist, je weniger exzessiv die Ausbildung ist. Das Kernvolumen allein vermag auf keinen Fall etwas auszusagen: denn es kann aus anderen Gründen sehr beträchtlich ansteigen (vgl. B 1). Es wird daher in fraglichen Fällen immer nötig sein, die Vermutung zu kontrollieren a) durch den Vergleich mit analog gebauten anderen Kernen, in denen beweisende Mitosen auslösbar sind, b) durch die morphologische Analyse besonders klarer, anders als durch e. P. nicht deutbarer Strukturen im Kern und c) eventuell durch die Feststellung eines auf Endomitosen beruhenden Strukturwechsels, der periodisch mit einem rhythmischen Wachstum des Kerns sich kombiniert (TSCHERMAK-WOESS und HASITSCHKA).

Unabhängig von der methodischen Betrachtungsweise ergibt sich, daß je nach der Eigenart des Kernbaus des betreffenden Organismus oder auch, wie bei den Dipteren, je nach der Modifikation dieses Kernbaus in verschiedenen Organen oder Organabschnitten der Habitus der Endomitose, trotz grundsätzlich gleichem Geschehen — Reproduktion der Chromosomen ohne Spindelbildung — sehr verschieden sein kann. Von zumindest bisher nicht nachweisbaren Veränderungen in euchromonematisch gebauten Kernen oder in „Riesenchromosomen" über prophaseähnliche Strukturen bis zu fast metaphasischer Ausbildung in Kernen vom Typus

[5] Sonst verhalten sich Chromozentrenkerne meist anders: infolge Verklebung im Heterochromatin isolieren sich die Tochterchromosomen nicht, sondern bilden entsprechend vergrößerte Chromozentren, deren Zahl gleich bleibt (vgl. Abschn. 8).

der Heteropteren finden sich alle Übergänge. Abgesehen vom Grundbauplan des Kerns scheint nach den bisherigen Erfahrungen der hauptsächliche Unterschied verschiedener Endomitosetypen darin zu liegen, daß der chromosomale Formwechsel, der in einer gewöhnlichen Mitose zur Metaphase führt, verschieden früh — in der sehr späten, in der späten, in der mittleren, frühen oder frühesten Prophase — abgestoppt wird. Es ist daher untunlich, wie es manche Autoren üben (Lorz 1947, Battaglia 1950 c, Viveiros), an der engen Fassung des Begriffs „Endomitose", die sich zunächst aus den Befunden an Wanzen ergab (Geitler 1939), festzuhalten; es ist vielmehr geboten, unter Endomitose die Gesamtheit der Erscheinungen, die ja nur Modifikationen eines grundsätzlich gleichen Ablaufs sind, zu verstehen (Geitler 1941). Eine Unterscheidung zwischen Endomitose und „innerer Teilung" ist überflüssig, ja zum Teil irreführend.

Die Endomitose zeigt begreiflicherweise mannigfache Beziehungen zu anderen Gegenständen, so zum Problem der Gewebedifferenzierung, zur Amitose, zum Kernwachstum u. a. Nur ein äußerlicher Zusammenhang besteht dagegen zu der Erscheinung der sogenannten Mixoploidie, d. h. dem zufälligen oder pathologischen Auftreten von Inseln und Sektoren polyploider Zellen in Geweben (z. B. der Wurzelmeristeme bei Angiospermen), das auf Mitoseanomalien zurückgeht und vielleicht auch andere Gründe hat Winge 1927 für *Tragopogon* — nicht *Beta,* Němec 1931, Miduno, Viveiros, Olszewska, wohl auch Moffett u. a.). Die Mixoploidie wird daher in dieser Darstellung nicht behandelt.

2. Heteropteren

Die Heteropteren (Wanzen) zeigen die anschaulichste Ausprägung der Endomitose und sind in dieser Hinsicht bisher am eingehendsten untersucht worden. Sie seien daher an erster Stelle behandelt, obwohl die Endomitoseforschung ihren Ausgang von den Dipteren nahm, nachdem die Struktur der Speicheldrüsenkerne richtig gedeutet worden war (Heitz und Bauer 1933, Painter 1933). Die Gunst des Objekts liegt darin, daß die Ruhekerne verschiedenster Gewebe Chromosomen enthalten, die gegenüber der Ausbildung in der Mitose wenig verändert sind und individualisiert erhalten bleiben (Geitler 1937). Es läßt sich daher schon im Ruhekern der Polyploidiegrad durch Zählung der Chromosomen sicher feststellen. An dem cytologisch besonders günstigen Wasserläufer *Gerris lateralis* genügt die Auszählung der X-Chromosomen, die an ihrer bedeutenden Größe und somatischen Heterochromasie leicht erkennbar sind. Da der XO-Typus vorliegt und diploid 20 Autosomen vorhanden sind, enthält ein diploider Kern im Männchen 1 X + 20 A, im Weibchen 2 X + 20 A, ein tetraploider 2 X + 40 A bzw. 4 X + 40 A usw. Ähnlich kann man in manchen Geweben die Y-Chromosomen von *Lygaeus saxatilis* verwenden (Abb. 40). Die Auszählung ergibt, daß in verschiedenen Geweben der Imago gesetzmäßig verschiedene Polyploidiestufen, in den Larven entsprechend niedrigere ausgebildet sind. So sind die Kerne in den Ganglien, in der Epidermis, im Tracheenepithel diploid — in den Bildungszellen der Borsten sind sie aber polyploid (Lipp für *Corixa*; Zusatz b. d. Korr.) —, in den Muskelzellen werden die Kerne z. T. tetraploid, die Mitteldarmepithelzellen werden 16ploid (Abb. 44), die der Auskleidung des Samenleiters oktoploid, der Hodensepten 16ploid, in verschiedenen Abschnitten der Malpighischen Gefäße 16-, 32- und 64ploid, in Önozyten (?) des Fettkörpers 64- und 128ploid (Abb. 2, 3). Den höchsten Polyploidiegrad besitzen die verästelten Riesenkerne der Speicheldrüse, in denen sich im Männchen 512 X-Chromosomen zählen lassen, was 1024-Ploidie bedeutet; die größten Kerne sind aber offenbar 2048ploid (Abb. 4; GEITLER 1937, 1938 b, 1939 a, b). Allerdings besteht bei so großen ausgebreiteten Kernen, in denen sich die Chromosomen nicht mehr exakt auszählen lassen, die Möglichkeit, daß Abweichungen von der normalen Verdoppelungsreihe vorkommen; beobachtet wurden sie nicht.

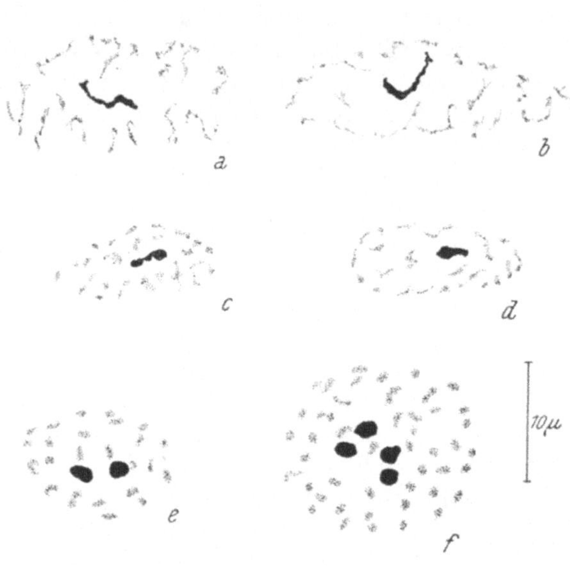

Abb. 2. *Gerris lateralis*, Männchen. Ruhekerne aus verschiedenen Geweben (Autosomen punktiert, X-Chromosomen schwarz): *a, b* diploide Muskelkerne, *c, d* diploide Kerne aus dem Tracheenepithel, *e, f* tetra- und oktoploider Kern aus dem Mitteldarm. — Alk.-Eisess., Essigkarmin; nach GEITLER 1937 und 1938 b.

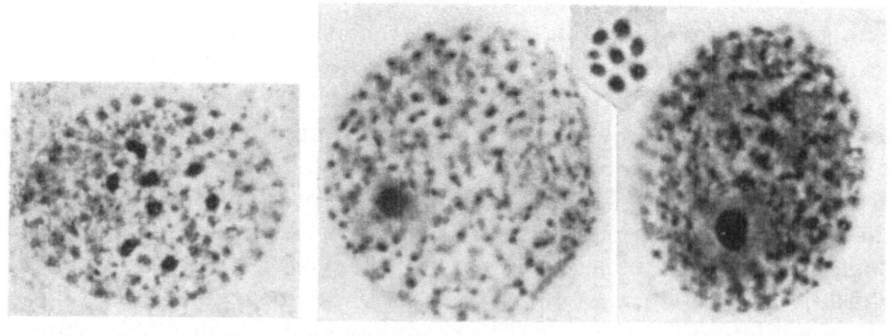

Abb. 3. *a Gerris lateralis*, 16ploider Hodenseptenkern: acht X-Chromosomen (in der Mitte), im übrigen Kernraum die Autosomen; Flemming-Benda. — *b Eurydema dominulus*, Männchen; oben: I. Metaphase, links das Y-Chromosom; unten: zwei 32ploide Kerne aus den Malpighischen Gefäßen, links im Oberflächenbild, rechts Einstellung auf das aus 16 Y-Chromosomen zusammengesetzte (SAT-) Endochromozentrum, das dem Nukleolus (grauer Hof) anliegt. — Alk.-Eisess., Essigkarm.; Photos, etwa 1330fach, nach GEITLER 1940 c.

Die Entstehung der polyploiden Kerne läßt sich durch die Untersuchung verschieden alter Larven oder in der Imago im sich erneuernden Mitteldarmepithel verfolgen (GEITLER 1938 c, 1930 a, b). Manche Kerne, z. B. die der Malpighischen Gefäße, sind im I. Larvenstadium diploid und werden während des Durchlaufens des II. bis V. Stadiums in der Imago bis zu

64ploid (Abb. 5). Die der Speicheldrüse sind bereits im I. Stadium verhältnismäßig hochpolyploid (z. B. 16ploid; vgl. GEITLER 1939 a, Abb. 6 a). Im Fall der Hodensepten setzt die e. P. im letzten oder vorletzten Larvenstadium ein (Abb. 6 a—k). Eine Sonderstellung kommt den Mitteldarmepithelzellen zu, indem hier nach jedem Verdauungsakt aus Nestern di-

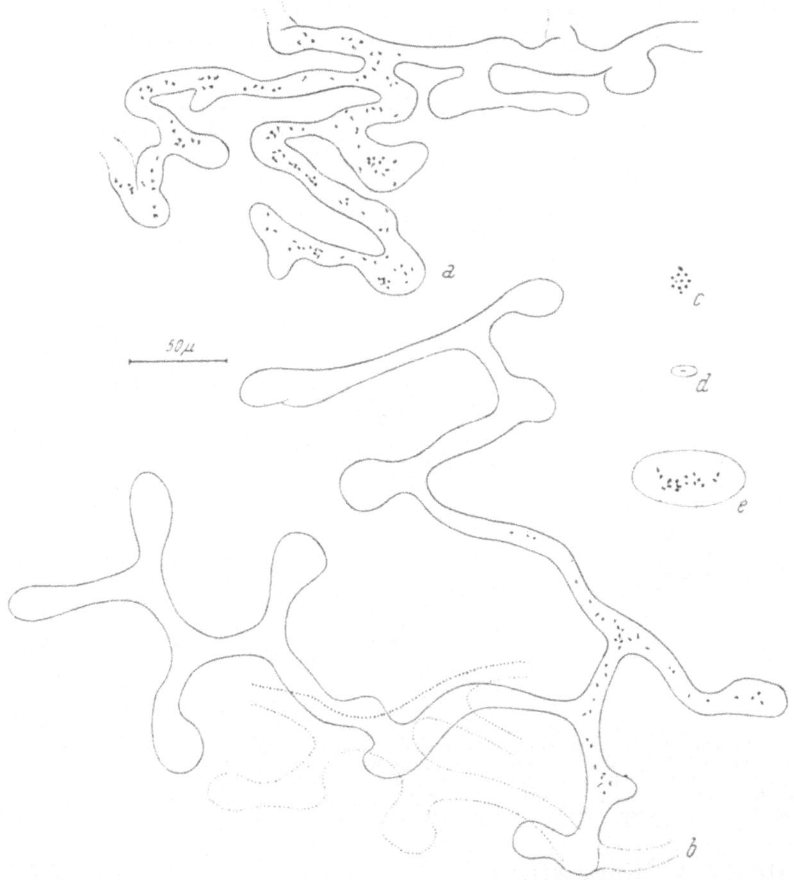

Abb. 4. *Gerris lateralis*, Männchen. *a, b* Teile verästelter Kerne aus der Speicheldrüse: in *a* links und *b* rechts sind die X-Chromosomen eingezeichnet (in *b* ist ein außerhalb der Bildebene weiterlaufender Kernabschnitt punktiert dargestellt); *c* I. Metaphase, *d* diploider Tracheenepithelkern und *e* 32ploider Kern aus einem Malpighischen Gefäß zum Größenvergleich. — Alk.-Eisess., Essigkarm.; nach GEITLER 1938 b.

ploider Erneuerungszellen 16ploide Arbeitszellen entstehen (Abb. 44). Der Fettkörper wächst gemischt durch e. P. und Zellteilung.

Die Endomitose selbst (Abb. 5—7) besitzt, was den Chromosomenformwechsel anlangt, weitgehende Ähnlichkeit mit einer Mitose. Die Chromosomen bilden zunächst eine Art von Spirem (Endoprophase), verkürzen und verdicken sich dann, wobei der Längsspalt sichtbar wird (Endometaphase), die Chromatiden treten allmählich parallel auseinander (Endoanaphase) und nehmen schließlich, paarweise beisammen liegend, wieder Ruhekernstruktur an (Endotelophase). Der wesentliche Unterschied gegenüber einer Mitose liegt im Fehlen einer Spindel, wodurch alle gerichteten Bewegungen der Chromosomen ausfallen: die Chromosomen bleiben regellos im Kernraum verteilt — bzw. die X-Chromosomen von *Gerris,* die regelmäßig eine zentrale Lage einnehmen, behalten diese bei —, statt zu einer Äquatorialplatte zusammenzutreten, und die Tochterchromosomen wandern nicht über weite Strecken und in bestimmter Weise zentriert auseinander, sondern bleiben nebeneinander liegen. Der Ablauf ist also sehr ähnlich dem einer Colchizinmitose, die ja auch das gleiche Ergebnis zeitigt. Im

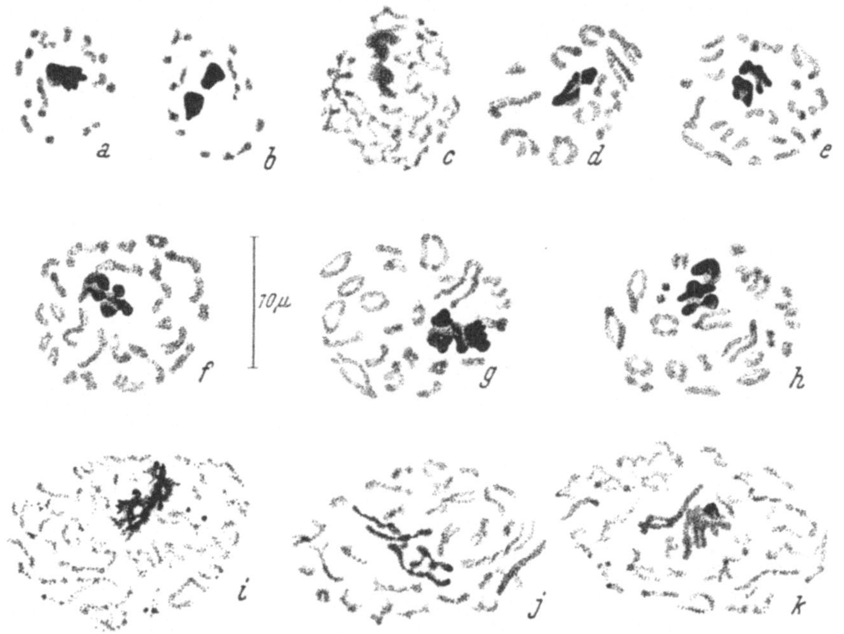

Abb. 5. *Gerris lateralis,* Weibchen; Entwicklung der Kerne in den Malpighischen Gefäßen. *a, b* diploide Kerne, I. Larvenstadium (in *a* bilden die beiden X-Chromosomen ein Sammelchromozentrum); *c—k* II. Larvenstadium: *c* Endoprophase, *d* Endotelophase diploider Kerne; *e* tetraploider Interphasekern; *f—h* Endotelophasen in tetraploiden Kernen; *i* Endopro-, *j* Endoana-, *k* Interphase in tetraploiden Kernen mit lockerer Struktur, die Spaltung der X-Chromosomen daher besonders deutlich. — Alk.-Eisess., Essigkarm.; nach GEITLER 1939a.

Gegensatz zur C-Mitose erfolgt aber in den mittleren Stadien nicht eine verstärkte, sondern eine abgeschwächte Kontraktion der Chromosomen: die endometaphasischen Chromosomen erreichen nicht einmal völlig den Grad der Verkürzung einer gewöhnlichen Metaphase. Damit hängt es auch zusammen, daß in der Endometaphase keine vollständige Angleichung der Ausbildung eu- und heterochromatischer Chromosomen erfolgt, also bei *Gerris lateralis* die X-Chromosomen von den Autosomen strukturell verschieden bleiben (ausführliche Darstellung bei GEITLER 1939 a, b). Der Höhepunkt der Endomitose entspricht dem Stadium der späten Prophase einer Mitose. Die Endomitose erscheint somit in dieser Hinsicht als steckengebliebene Mitose. Während in der C-Mitose der chromosomale Formwechsel noch weitergeht und die Chromosomen gewissermaßen überaltern, ist bei der Endomitose die Chromatiden*trennung* (nicht die Spaltung) relativ zum sonstigen Chromosomenformwechsel vorverlegt. Der Ablauf ist im übrigen, soweit bekannt, in allen Geweben der gleiche und auch z. B. in der hochpolyploiden Speicheldrüse nicht anders (GEITLER 1939 a, daselbst Abb. 6).

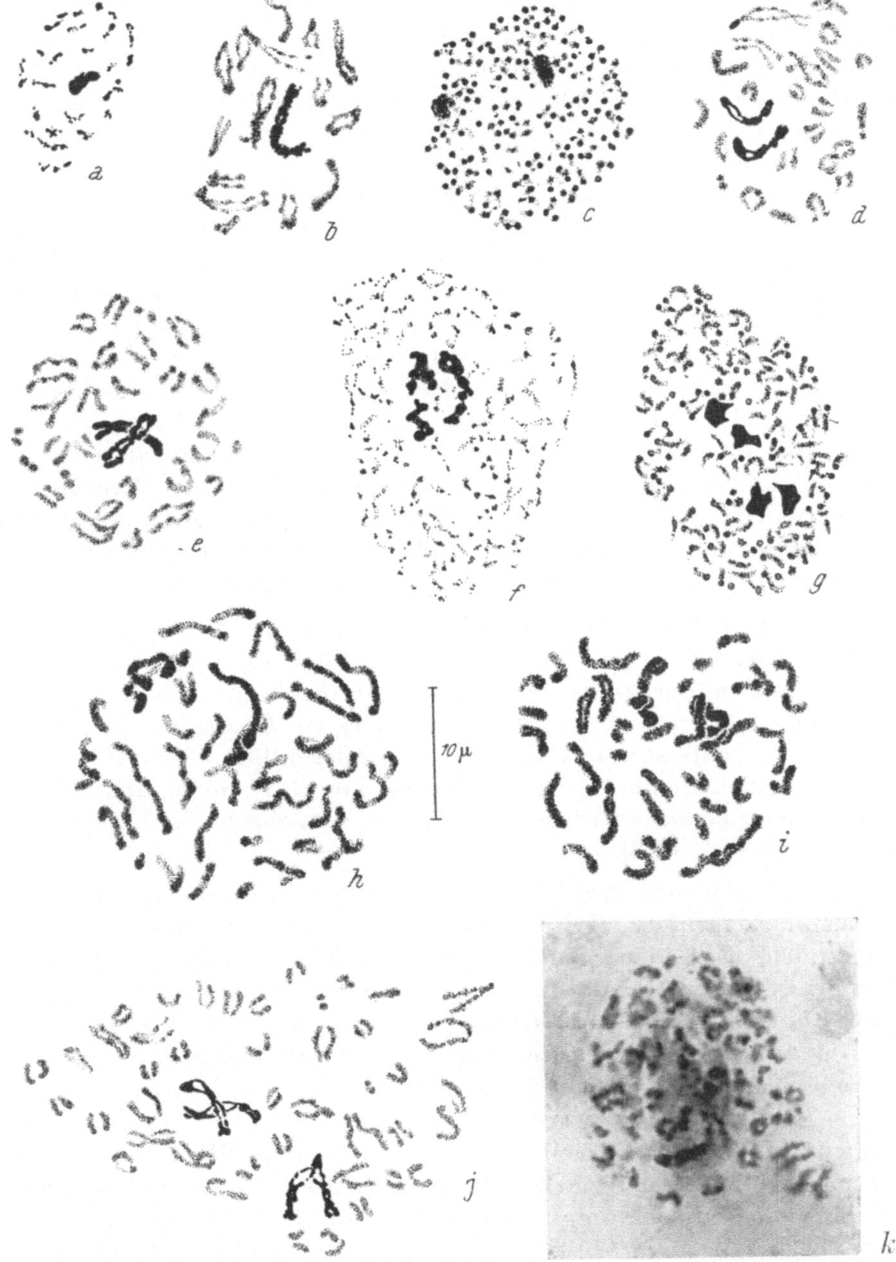

Abb. 6. *Gerris lateralis*. Entwicklung der Hodenseptenkerne im V. Larvenstadium. *a* diploider Ausgangskern (in der Mitte das X-Chromosom), *b* Endotelophase eines diploiden Kerns, *c* Endoprophase eines tetraploiden Kerns, *d*, *e* tetraploide Kerne in Endotelophase, *f*, *g* sehr frühe und frühe Endoprophase oktoploider Kerne, *h* ebenso, etwas später, *i* ebenso, frühe Endometaphase, *j* Endotelophase (die acht X-Chromosomen noch in vier Paaren); *k* ein ebensolcher Kern, etwas gedrückt; Photo, ca. 1330fach. — Nach GEITLER 1939 a, *k* nach GEITLER 1938 c.

Die Chromatidentrennung erfolgt in der Endoanaphase unter dem Bild einer Parallelverschiebung. Dies entspricht dem Verhalten in einer Anaphase, wo es seine Ursache darin hat, daß die Chromosomen der Heteropteren kein lokalisiertes Centromer, sondern — wie die der Cocciden und, schon von Federley vermutet, von Suomalainen neuerdings näher belegt, die der Schmetterlinge — einen diffusen Spindelansatz besitzen (Schrader 1935, 1941, Hughes-Schrader 1942, Geitler 1944 a). Das parallele Auseinanderwandern in der Endoana- und Endotelophase hängt aber nicht grundsätzlich mit dieser chromosomalen Organisationseigentümlichkeit der Heteropteren zusammen, da es sich z. B. auch bei Schnecken findet, die ein lokalisiertes Centromer besitzen (Heitz 1944). Das Verhalten ist eher mit dem einer C-Mitose zu vergleichen, in der die Chromatiden sogar trotz anfänglich verlängertem Zusammenhalt am Centromer später parallel auseinanderwandern. Die Endoana- und -telophase zeigt mit gewissen Stadien gewisser C-Mitosen die weitere Übereinstimmung, daß ein verlängerter Zusammenhalt an beiden Enden oder an einem Ende der Chromatiden besteht, so daß ringförmige oder einseitig spreizende Figuren zustande kommen[6] (Rest eines relational coiling?). Eben diese Figuren finden sich auch in der Endotelophase von Schnecken (Abb. 8). In der Anaphase der Wanzen sind dagegen die Chromatiden, wie auch bei der Angiosperme *Luzula,* die ebenfalls diffusen Spindelansatz besitzt, polwärts gebogen; die Chromatidenenden trennen sich zuerst (Geitler 1944 a, daselbst Abb. 5).

Weitere Einzelheiten bleiben noch zu untersuchen. So wurde das Verhalten der Nukleolen noch nicht gründlich verfolgt; sie dürften sich in den mittleren Endomitosestadien verkleinern („abschmelzen"), aber nicht ganz verschwinden (Geitler 1939 b, Abb. 3 a—c, e, f). Ebenso ist es fraglich, wie sich die Centrosomen verhalten; das gelegentliche Auftreten mehrpoliger Spindeln deutet auf ihre Teilung hin (für die hochpolyploiden Megakaryozyten mancher Vertebraten ist eine Vermehrung der Centrosomen bekannt; vgl. Ries 1939).

Die e. P. ist in den verschiedensten Familien nachgewiesen und findet sich überall in grundsätzlich gleicher Ausbildung (Gerrididen, Veliiden, Notonectiden, Corixiden, Pentatomiden, Lygaeiden, Capsiden, Pyrrhocoriden, Reduviiden; Geitler 1938 b, 1939 a, b, 1940 c). Der Bau endopolyploider Kerne ist aber je nach Ausprägung der somatischen Heterochromasie der X- und Y-Chromosomen, seltener auch heterochromatischer Abschnitte von Autosomen äußerlich verschieden und wird namentlich bei Bildung vielwertiger Endochromozentren, d. h. der aus Tochterchromosomen aufgebauten Chromozentren vielfach charakteristisch modifiziert. Zu diesen artspezifischen Ausprägungen kommen gewebespezifisch verschiedene Ausbildungsweisen sehr charakteristischer Natur (vgl. Abschn. B 2). Doch wurde ein verschiedener Ablauf der Endomitose auch nicht in Geweben mit sehr verschiedenem Kernbau, z. B. in den Hodensepten und in den Malpighischen Gefäßen, beobachtet.

---

[6] Besonders deutlich sichtbar bei Tschermak-Woess, 1947, Abb. 1, 2.

3. Nematoden, Gastropoden, Crustaceen, Collembolen, Homopteren

Bei den genannten Tiergruppen erfolgt die Endomitose, soweit bekannt, mit dem gleichen deutlich ausgeprägten Formwechsel wie bei den Heteropteren. Doch liegen für alle Gruppen — die übrigens z. T. viel inhomogener als die Heteropteren sind — nur Stichproben vor.

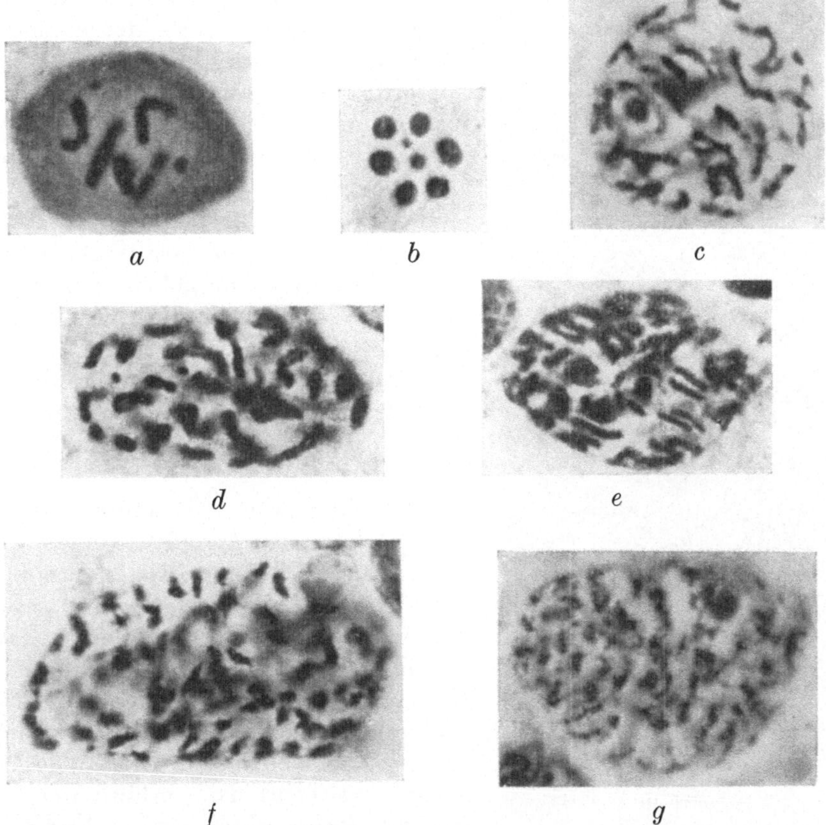

Abb. 7. *Lygaeus saxatilis*, Männchen. *a* späte Diakinese, links oben das kleine Y-, rechts unten das größere X-Chromosom; *b* I. Metaphase, in der Mitte X- und Y-Chromosom; *c—g* Hodenseptenkerne während der Endomitose zwischen okto- und 16ploidem Zustand: *c* frühe Endometaphase, *d* frühe Endoanaphase (links sind zwei der vier Y-Chromosomen sichtbar) *e* frühe Endotelophase, *f*, *g* junger und alter 16ploider Ruhekern. — *b* Alk.-Eisess., Essigkarm., die anderen Flemm.-Benda; Photo, etwa 1330fach, nach GEITLER 1940 c.

Nematoden. Sofern man *Gordius* zu den Nematoden rechnet, sind an dieser Stelle die eindrucksvollen Beobachtungen VEJDOVSKÝs anzuführen[7]. Die nicht teilungsfähigen, großen, langgestreckten Kerne der Ringmuskulatur wachsen auf ein Vielfaches ihrer ursprünglichen Größe heran. Sie enthalten auch im Ruhezustand nicht völlig abgebaute Chromosomen, die während der Endomitose einen mitoseähnlichen Formwechsel durchlaufen (Abb. 1). Es lassen sich unschwer Endopro-, -meta-, -ana- und -telophase

[7] CLAUS, GROBBEN und KÜHN (Lehrbuch der Zoologie 10. Aufl., Berlin u. Wien, 1932) stellen *Gordius* entgegen der allgemeinen Beurteilung in eine eigene Ordnung Nematomorpha der Scoleciden.

unterscheiden. Die Nukleolen werden anscheinend aufgelöst. Einzelheiten, wie der Vergleich mit der Mitose und das Verhalten der Centrosomen, sind nicht bekannt. Doch hat VEJDOVSKÝ das wesentliche des Vorganges, die Polyploidisierung durch „innere Teilung“, klar erkannt. Begreiflicherweise betrachtet er aber die e. P. als eine ganz isolierte Erscheinung.

Für *Ascaris megalocephala* gibt BARIGOZZI (1947) mäßige „Hyperploidie“ der mehr oder weniger kugeligen Cölommuskelkerne an, und zwar auf Grund von Beobachtungen an chromatischen Massen, deren Zahl mit dem Wachstum der Kerne durch Zerteilung zunimmt, die aber nicht immer Vielfache von 2 bilden. Wie diese Chromatinklumpen, die größer als in embryonalen Kernen sind, morphologisch deutbar sind, steht noch dahin. Möglicherweise sind sie komplexe Strukturen. Infolge ihrer schwankenden Größe im gleichen Kern und ihres unregelmäßigen Zerfalls lassen sie sich kaum in Beziehung mit einzelnen Chromosomen setzen, und ihre Zerteilung mit BARIGOZZI als Endomitose zu betrachten, ist wohl verfrüht (wenn auch jedenfalls e. P. zugrunde liegen muß).

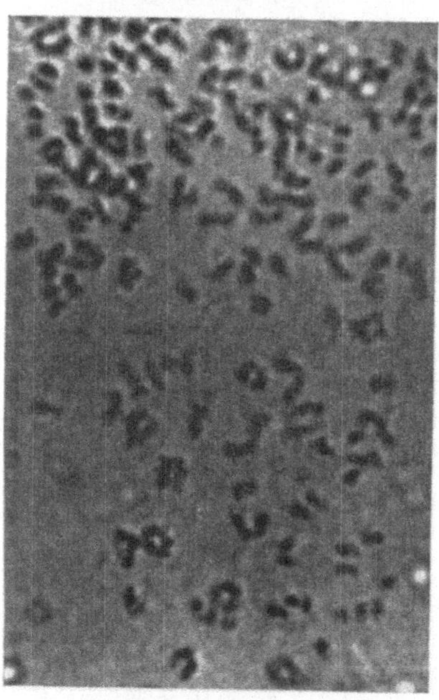

Abb. 8. *Limax* sp. Endotelophase eines Riesenkerns, die Tochterchromosomen an den Enden z. T. noch zusammenhängend; Quetschpräparat. — Photo, nach HEITZ 1944.

Bei Schnecken (**Gastropoden**), und zwar Pulmonaten aus 12 Gattungen, fand HEITZ (1944) in den Riesenkernen der Ganglien — vermutungsweise auch in großen Kernen anderer Organe — hochgradige Polyploidie und konnte bei *Limax, Goniodiscus* und *Oxychilus* Endotelophasen unmittelbar beobachten (Abb. 8). Soweit aus der knappen Schilderung ersichtlich ist, verläuft der Chromosomenformwechsel, trotz Vorhandensein von Centromeren, grundsätzlich gleich wie bei den Wanzen. In den Ruhekernen sind die Chromosomen wenig abgebaut, d. h. stark kondensiert und individualisiert erkennbar erhalten[8].

Ähnliche Verhältnisse herrschen bei den Asseln (**Crustaceen**, Isopoden). Die Riesenkerne, die sich in verschiedenen Organen vorfinden, sind hoch polyploid, die Chromosomen bleiben im Ruhekern individualisiert erhalten und es sind Endotelophasen nach der Art der Wanzen beobachtbar (HEITZ 1944).

Besondere Verhältnisse finden sich bei *Anilocra* und *Asellus* in Zellen, die in den Follikeln der testes liegen, während der Meiose sekretorisch funktionieren — das Sekret ist reich an Ribosenukleinsäure — und hochpolyploide Kerne besitzen (MONTALENTI 1940, 1947, VITAGLIANO,

---

[8] Hier wäre auch auf die „Doppelchromosomen“ in der Leber von *Paludina* hinzuweisen (POPOFF 1908), wenn man sie als Anzeichen von e. P. betrachten will.

MONTEFOSCHI). Grundsätzlich gleichgebaute Kerne treten bei *Anilocra* auch in anderen Organen auf (Hepatopankreas, vas deferens — MONTALENTI 1940, Speicheldrüse — SINISCALCO). Diese Kerne enthalten bei *Anilocra physodes* im ausgewachsenen Zustand 30 bis 40 chromozentren-

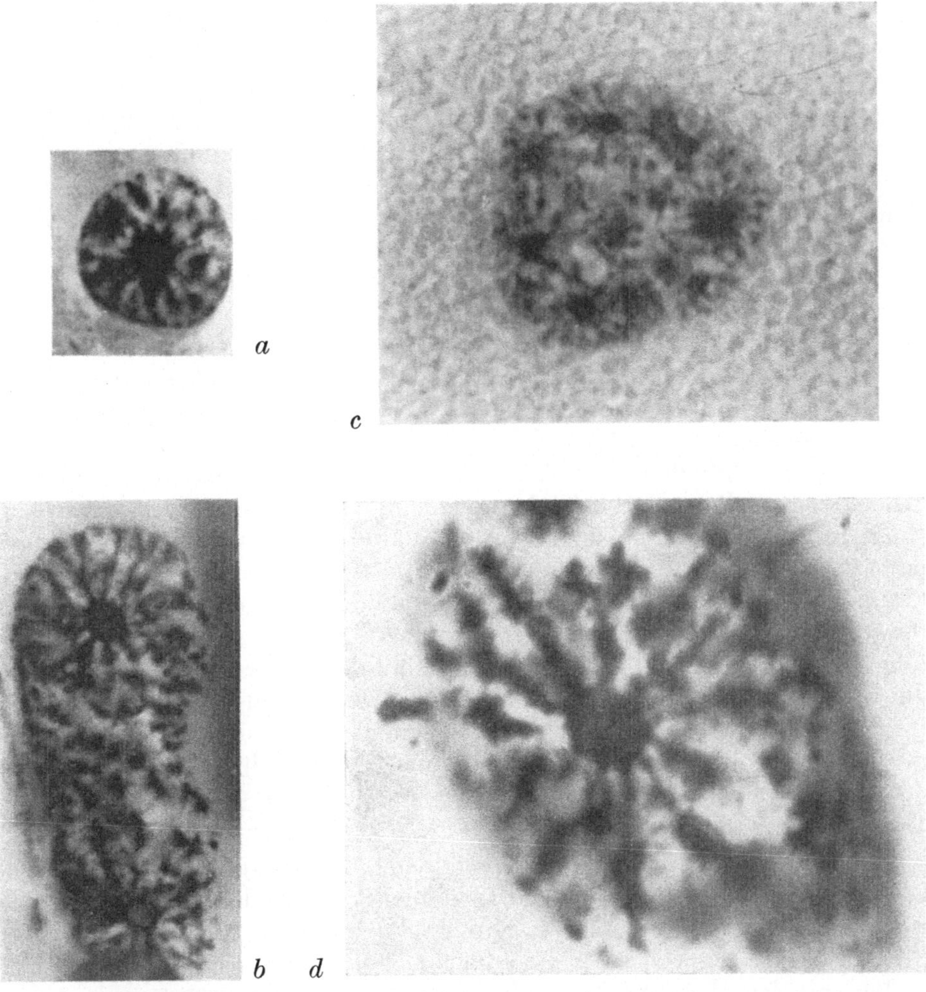

Abb. 9. *Anilocra physodes*. Diploider Kern aus dem vas deferens (*a*), tetraploider Kern aus den Follikelzellen des Hodens (*b*) und hochpolyploider Kern aus der Maxillardrüse (*c*); *d* ein Chromozentrum eines polyploiden Kerns stärker vergr. — Photos, *a*, *b* ca. 1150fach, *c* ca. 1050fach, *d* ca. 2200fach; nach MONTALENTI.

artige, sternförmige Gruppen, deren jede einen massiven, offenbar heterochromatischen Mittelteil besitzt, von dem aus etwa 20 chromosomartige Arme ausstrahlen (Abb. 9). Da der diploide Chromosomensatz 12 Chromosomen, davon 8 mit medianer, 4 mit terminaler Insertion, somit 20 Arme umfaßt, deutet MONTALENTI eine Gruppe als Vereinigungsprodukt eines diploiden Satzes; d. h. es wären also sämtliche Chromosomen zweier haploider Sätze zu einem Sammelchromozentrum vereinigt, und die Kerne würden endomitotisch durch Vermehrung dieser Sammelchromozentren wachsen.

Die Endomitose wurde allerdings — an diesen Kernen, im Gegensatz zu den von Heitz untersuchten — nicht beobachtet. Das Verhalten wäre jedenfalls grundsätzlich anders als z. B. im Suspensorhaustorium von *Lupinus* (Abb. 30, 31), wo jede sternförmige Gruppe die Abkömmlinge eines Chromosoms umfaßt, also ein Endochromozentrum darstellt[9]. — Die Kernstrukturen von *Anilocra* sind im übrigen dadurch bemerkenswert, daß sie im Zusammenhang mit den Sekretionsphasen einen sehr auffallenden Formwechsel durchmachen (Siniscalco, Montefoschi, Vitagliano).

Bei *Artemia salina* tritt Endopolyploidie verschiedener mäßiger Grade in Muskelzellen, Nervenzellen, Nährzellen des Uterus und zum Teil im Integument und in den Kiemen auf (Barigozzi 1942). Die Chromosomen sind im Ruhekern fadenförmig, aber meist individualisiert erkennbar erhalten, und es lassen sich Endomitosen beobachten, die an die der Heteropteren erinnern. Bezeichnend ist, daß die endometaphasische Kontraktion — wie bei den Wanzen — hinter der metaphasischen zurückbleibt. Im übrigen schwankt der Aspekt der Endomitose mit der verschiedenen Ausbildungsweise der Kerne in verschiedenen Geweben. Für bestimmte Endometaphasen gibt Barigozzi Spiralisierung an. — Die e. P. beginnt schon in den Nauplien.

Bei der parasitischen Crustacee *Ulophysema öresundense* sind die Kerne der meisten Zellen des sog. „Mantels" im erwachsenen Tier tetraploid, einige bleiben diploid, einzelne werden oktoploid (Melander). In der Endomitose werden die Chromosomen deutlich erkennbar und kontrahieren sich (ob so stark wie in der Metaphase, wird nicht angegeben). Die Tochterchromosomen bleiben paarweise liegen und treten als „Paare" auch in die folgende Mitose ein. Im jungen Embryo sind die Mantelzellen noch diploid, die e. P. setzt frühzeitig ein und schreitet in der späten Embryonalentwicklung allmählich fort, bis polyploide Zellen überwiegen. Die e. P. ist also in das embryonale Zellteilungswachstum eingeschaltet: auf Endomitosen folgen wieder Mitosen, wie dies auch in den Wurzelspitzen mancher Angiospermen vorkommt[10].

Bei **Collembolen** sind die Chromosomen in hochpolyploiden Riesenkernen verschiedener Organe stark kondensiert erhalten. Es lassen sich morphologisch deutlich ausgeprägte Endotelophasen beobachten (Heitz 1951 an Vertretern von sechs Gattungen).

Die mit den Heteropteren nächst verwandten **Homopteren** weisen, wie Stichproben an Zikaden und Aphiden (Blattläusen) zeigten (Malpighische Gefäße, Darmepithel), ein ganz ähnliches Verhalten wie die Heteropteren auf: die Chromosomen sind im Ruhekern sichtbar individuali-

---

[9] Das Manövrieren ganzer Chromosomensätze, so unwahrscheinlich es zunächst anmutet, ist in anderen Fällen belegt; so von K. Grell für ein Radiolar; es liegt wohl auch der Amitose der Ciliaten zugrunde (vgl. Abschn. 7).

[10] Sonst löst im allgemeinen die e. P. das Teilungswachstum ab, oder wenn nachträglich gesetzmäßig Mitosen folgen, so besteht Alternanz — wie bei den Dipteren (Frolowa), wo nach Schüben von Endomitosen in der Larve zu Beginn der Verpuppung Mitosen einsetzen.

siert erhalten und machen, soweit nach den beobachteten Endoana- und Endotelophasen zu schließen ist, einen sehr ähnlichen Formwechsel durch [11]. — Für Cocciden (Schildläuse) gab schon HUGHES-SCHRADER (1930) namentlich für Drüsen Polyploidie an. Eigenartige Verhältnisse finden sich in den Zellen der Myzetome. Bei *Pseudococcus citri* ($2n = 10$) entstehen sie durch Fusion der Richtungskörper des Eies (der 1. RK enthält 10 Chromosomen, der 2. 5 Chromatiden) mit einer Furchungszelle, wodurch ein Verschmelzungskern mit 25 Chromosomen zustande kommt [12]. Diese Zelle verdoppelt dann ihren Chromosomenbestand endomitotisch und wird zur primären Myzetozyte: sie nimmt die Symbionten auf und wird durch weitere Endomitosen zur ausgewachsenen Myzetomzelle (HUGHES-SCHRADER 1948; daselbst weitere Literatur). Die Endomitose selbst wurde nicht beobachtet.

4. Insekten (ohne Rhynchoten und Dipteren)

Im Unterschied zu den bisher besprochenen Tieren ist bei den in diesem Abschnitt behandelten zwar die e. P. sicher nachgewiesen, die Endomitose wurde aber nicht oder nicht eindeutig beobachtet. Dies hat zum Teil wahrscheinlich zufällige Gründe, zum Teil dürfte aber auch der endomitotische Formwechsel wenig auffallend sein.

Orthopteren. Daß sich verschieden große Kerne durch verschiedene Chromosomenzahl unterscheiden, wies schon RIES (1939) für *Periplaneta* nach; im besonderen fand er in den Malpighischen Gefäßen zwei Kernklassen mit entsprechend verschiedener (nicht genau festgestellter) Chromosomenzahl. — Bei *Gryllotalpa* sind die Kerne der Follikelhülle des Hodens tetraploid und oktoploid (BARIGOZZI 1942 b). Die Chromosomen sind kondensierter oder aufgelockerter, aber im wesentlichen individualisiert erhalten und ihre Anzahl entspricht ungefähr dem nach der Kerngröße zu erwartenden Polyploidiegrad. Die Endomitose konnte aber nicht sicher beobachtet werden. Endomitoseartige Ausbildungen einzelner Chromosomen in Kernen, die auch anders gebaute Chromosomen enthalten, sind nicht beweisend (wie auch BARIGOZZI 1942 b, entgegen seiner späteren Auffassung, meint). Würde es sich wirklich um Endomitosen handeln, so würden sie in einem Kern asynchron ablaufen, was allen sonstigen Erfahrungen zumindest an so niedrig polyploiden Kernen widerspricht [13]. Doch besteht kein Zweifel, daß die Kerne überhaupt endopolyploid sind, da andere Möglichkeiten der Entstehung auszuschließen sind. — Das gleiche gilt für *Psophus* (GEITLER 1944 a), bei dem sich an der Feinstruktur sehr genau ablesen läßt, daß die im Ruhekern vorhandenen schollenförmigen, je nach Gewebe stärker oder schwächer kondensierten Gebilde den Chromo-

---

[11] Abbildung eines hochpolyploiden Kerns einer Aphide bei GEITLER 1934 b, Abb. 15 b; der Text ist überholt: es handelt sich nicht um „körniges Chromatin", sondern um ganze Chromosomen.

[12] Durch andersartige Verschmelzungsvorgänge können auch Kerne mit 30 oder 35 Chromosomen entstehen.

[13] Hochpolyploide wurden daraufhin nicht eigens untersucht.

somen entsprechen; nach Vorbehandlung mit destilliertem Wasser wird das proximale, im Formwechsel extrem träge Heterochromatin sichtbar, das die kurzen, knopfförmigen Chromosomenarme ganz oder fast ganz aufbaut (*Psophus stridulus* besitzt nur „einarmige" Chromosomen). An Schollen, die zwei solcher Körper tragen — die gleichzeitig den Spindelansatz markieren —, wird kenntlich, daß Chromosomen gelegentlich zu Sammelchromo-

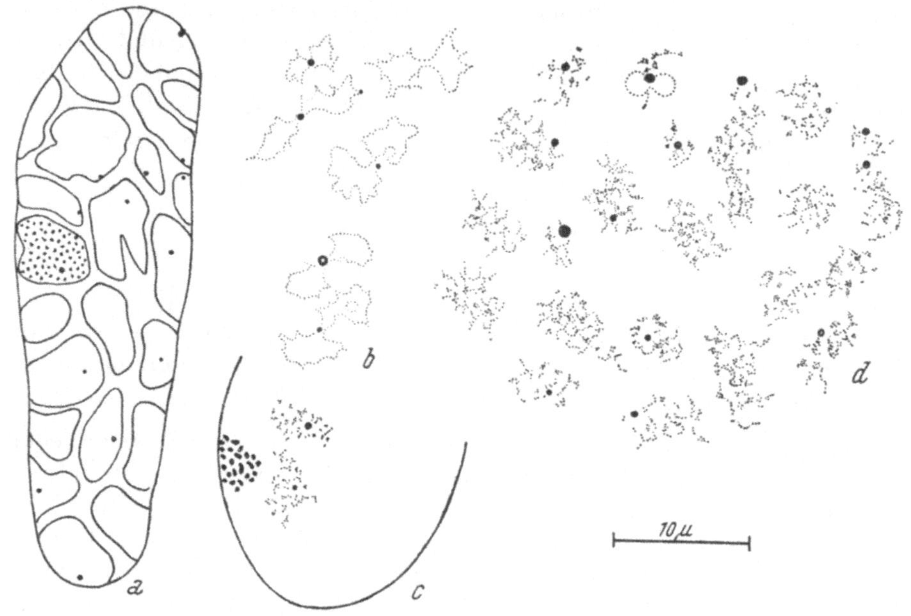

Abb. 10. *Psophus stridulus*, ♂. *a* diploider Kern des äußeren Epithels der Hodenschlauchwand mit dichten, fast homogenen schollenförmigen Chromosomen (in einer Scholle ist die euchromatische Feinstruktur dargestellt); *b—d* Cystenwand, diploide Kerne mit lockeren Chromosomenschollen: *b* zweiteilige Schollen, nur im Umriß dargestellt, *c* zwei Autosomen und das X-Chromosom (links), *d* ganzer Kern. — Vorbehandelt mit dest. Wasser, Alk.-Eisess., Essigkarm.; in allen Kernen sind die erkennbaren heterochromatischen, mehr oder weniger punktförmigen kurzen Arme der Chromosomen dargestellt. — Nach GEITLER 1944 a.

somen zusammenfließen können. Solche Doppelschollen können, müssen aber nicht doppelteilig aussehen; umgekehrt können auch einchromosomige Schollen zweiteilig erscheinen und auch sehr unregelmäßige Umrisse besitzen (Abb. 10). Solche Strukturen können in polyploiden Kernen — bei *Psophus* findet sich in verschiedenen Geweben Tetra- und Oktoploidie — als Stadien asynchroner Endomitosen mißdeutet werden. Hierauf dürften, wenigstens teilweise, die Angaben BARIGOZZIS (1947) über Endomitosen an anderen Orthopteren (und anderen Insekten) zurückgehen. Der endomitotische Formwechsel ist vermutlich weniger auffallend als bei den Wanzen, bei *Gordius* u. a. und ist vielleicht auch gewebespezifisch verschieden gut sichtbar [14]. Analog schwankt auch die Ausbildung des X-Chromosoms, das im Männchen von *Psophus* somatische Heterochromasie zeigt, aber nicht

[14] Auf gewebespezifische Kernstrukturen hat besonders BARIGOZZI (1947, 1949) nachdrücklich hingewiesen.

schematisch als Marke für die Polyploidiestufen dienen kann: die endomitotisch entstandenen Tochter-X-Chromosomen bilden in bestimmten Geweben mehrteilige, in anderen ganz einheitlich erscheinende, freilich entsprechend größere Endochromozentren. In manchen Geweben ist die Heterochromasie so schwach ausgeprägt, daß sie erst nach Vorbehandlung mit destilliertem Wasser sichtbar wird.

Endopolyploidie ist für eine größere Zahl von Orthopteren festgestellt (Barigozzi 1947, allerdings ohne Zahlenangaben; Barigozzi spricht, auch im Hinblick auf die von ihm vermutete Asynchronie, von „Hyperploidie").

Lepidopteren. Die Chromosomen, an sich sehr klein, sind in den Ruhekernen der Raupen äußerlich nicht wesentlich von der metaphasischen Ausbildung verschieden und bleiben individualisiert erkennbar. Schon der Vergleich von Mitosen, diploiden Ruhekernen und vergrößerten Kernen legt die Annahme nahe, daß Endopolyploidie, in den verästelten Riesenkernen der Spinndrüse hochgradige Endopolyploidie, vorliegt (Abb. 11). Zählungen sind allerdings praktisch ausgeschlossen. Weniger weitgehende, aber doch sehr hohe Endopolyploidie findet sich in den Malpighischen Gefäßen von *Gastropoda (Lasiocampa)*, *Pieris brassicae* und *Bombyx mori*; während der larvalen Entwicklung läßt sich die Zunahme der Chromosomenzahl mit dem Wachstum im großen Ganzen verfolgen (Barigozzi 1947; Bildbelege, wie Abb. 6 d, die eine asynchrone Endomitose darstellen sollen, sind aber nicht beweisend; vgl. das bei den Orthopteren Gesagte).

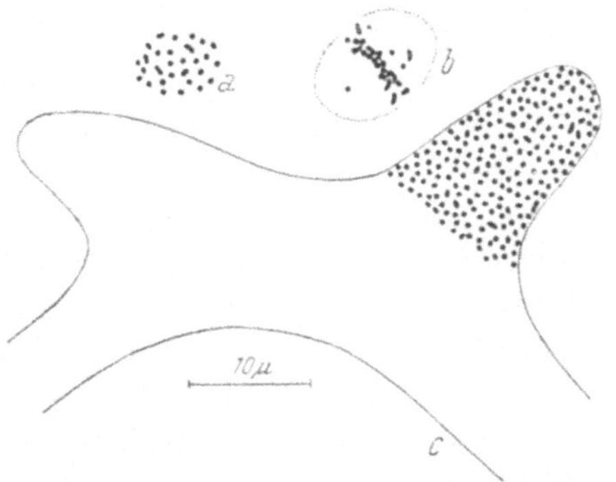

Abb. 11. Schmetterlingsraupe. *a* Oberflächenbild eines diploiden Ruhekerns aus dem Fettkörper (im ganzen sind 60—70 kleine, z. T. punktförmige Chromosomen vorhanden); *b* tetraploide frühe Metaphase aus dem Fettkörper zum Vergleich der Chromosomengröße; *c* Teil eines verästelten Kerns aus der Spinndrüse (Chromosomen nur rechts oben eingezeichnet), der Kern ist mindestens 512ploid. — Nach Geitler 1940 c.

Eingehende Untersuchungen an *Ptychopoda*, deren Zählungsergebnisse allerdings durch die bekannten bei Schmetterlingen bestehenden cytologischen Schwierigkeiten belastet sind und die daher auf der Kombination von geschätzter Chromosomenzahl im Ruhekern, der rhythmischen Kernverdoppelung und z. T. der Zahl der Nukleolen beruhen, die aber in einigen Fällen durch nachträglich ablaufende Mitosen verifiziert werden konnten, lassen e. P. in Epidermis, Fettkörper und Spinndrüse als sicher erscheinen (Risler 1948, 1950). Doch zeigen sich Komplikationen, wie Vergrößerung des Kernvolumens durch Kernsaftvermehrung ohne Zunahme der Chromosomenzahl, und Herabsetzung des Kernvolumens, wohl durch eine Art somatischer Reduktion, die aber im einzelnen nicht verfolgt werden konnte. — Die e. P. spielt jedenfalls eine wesentliche Rolle in Verbindung mit den gesetzmäßig ablaufenden differentiellen Zellteilungen, welche die Schuppenbildung auf den Flügeln bestimmen (Henke; Henke und POHLEY an *Ephestia kühniella*). Die verschiedenen Polyploidiegrade der Schuppenbildner erscheinen dabei „mit verschiedenen Teilungspotenzen der zugehörigen Epithel-Stammzellen verknüpft, derart, daß die Anzahl der Endomitoseschritte, welche die Polyploidiestufe der Schuppe einstellt, mit der Anzahl der von der Epithel-Stammzelle durchlaufenen Vermehrungsteilungen eine konstante Summe bildet“ (HENKE und POHLEY, „Kompensationsprinzip“). Die Polyploidiestufen sind offenbar plasmatisch bedingt — wie ja wohl immer —, wirken sich aber, einmal erreicht, auf die Schuppengröße entsprechend der Kernplasmarelation aus. Die Bildungszellen der Tiefenschuppen machen vermutlich zwei, der Mittelschuppen drei und der Deckschuppen vier Endomitosen durch, werden also oktoploid, 16ploid und 32ploid.

Hymenopteren. Auf Grund von Chromosomenzählungen in Mitosen stellte ANDERSON (1932) bei Tenthrediniden tetraploide hypodermale Zellen, 16ploide Fettzellen und Önozyten sowie hochpolyploide Tracheenkerne fest; Bindegewebe, Muskulatur und Blutzellen bleiben anscheinend diploid.

Die Kerne der lateralen pharyngealen Drüsen der Honigbiene vergrößern sich vom vermutlich diploiden Zustand in der jungen Puppe unter entsprechender Zunahme ihrer chromatischen Strukturen beträchtlich, bis sie in alten Puppen bzw. eben geschlüpften Arbeiterinnen das Maximum ihrer Größe erreicht haben; nach PAINTER (1945) sind sie endomitotisch polyploidisiert und vermutlich 16ploid geworden. Der Schluß wird, abgesehen von der chromatischen Massenzunahme, aus der vervielfachten Zahl der Nukleolen gezogen; dabei wird angenommen, daß sich die Tochterchromosomen, also auch die nukleolenbildenden, nach jeder Endomitose trennen und nicht, wie etwa bei den Dipteren, „gepaart“ bleiben, so daß eine entsprechende Vermehrung der Nukleolen zustande kommt. Für eine unmittelbare Feststellung des Polyploidiegrades besteht keine Möglichkeit, da die Kerne eine kaum eingehender analysierbare granulär-retikuläre Struktur aufweisen.

Dagegen sind bei *Habrobracon* nach GROSCH in den meisten Geweben der — haploiden — männlichen Larven die Chromosomen stark kondensiert und individualisiert erkennbar. Die haploide Chromosomenzahl 10 bleibt in der Epidermis, im Vorder- und Hinterdarm und vermutlich in den Ganglien bestehen, während sie in den nicht teilungsfähigen Zellen der Malpighischen Gefäße und in Fettzellen auf schätzungsweise 160 und im Mitteldarm auf 40 vervielfacht wird. In den Spinndrüsen finden sich vermutlich bündelartige Chromosomen*komplexe* in der Zahl 40. Die haploid bleibenden Kerne der Epidermis vergrößern sich durch Vermehrung der extrachromosomalen Substanzen.

Coleopteren. Die großen Kerne in den Malpighischen Gefäßen sind offenbar endopolyploid, bei *Cassida viridis* wahrscheinlich 64ploid (Abb. 12, GEITLER 1940 c). Die Chromosomenzahl läßt sich durch Auszählung der im Ruhekern weitgehend kondensierten Chromosomen unmittelbar feststellen, wie dies schon BUSHNELL (1936) für *Acanthoscelides obtectus* angab. Bei diesem findet sich in den Kernen des Mitteldarmepithels der jungen Larven die doppelte Zahl von „Prochromosomen" gegenüber diploiden Kernen, und die Zahl dürfte in jedem Larvenstadium verdoppelt werden[15]. — Für *Lucanus cervus* (Imago) gibt BARIGOZZI (1947) „Hyperploidie" bestimmter Kerne in den Malpighischen Gefäßen an. — Im Fettkörper von *Melosoma* beobachtete schon EILERS (1925) Polyploidie, stellte aber auch Zellfusionen fest.

Bei **Odonaten** treten im Fettkörper und Bindegewebe älterer Larven und Imagines regelmäßig tetraploide Mitosen auf, die offenbar e. P. anzeigen (OKSALA).

Sicher polyploid und jedenfalls endopolyploid sind nach BARIGOZZI (1947) die Kerne in den Malpighischen Gefäßen der **Trichoptere** *Odontocerum albicorne* (Larve). — Sehr hoch endopolyploid sind die verästelten Riesenkerne der Spinndrüse (unveröff. Untersuchungen an *Halesus* cf. *auricollis* und *Halesus* sp.); die Chromosomen bleiben individualisiert erhalten, der Ablauf der Endomitose ist noch nicht beobachtet.

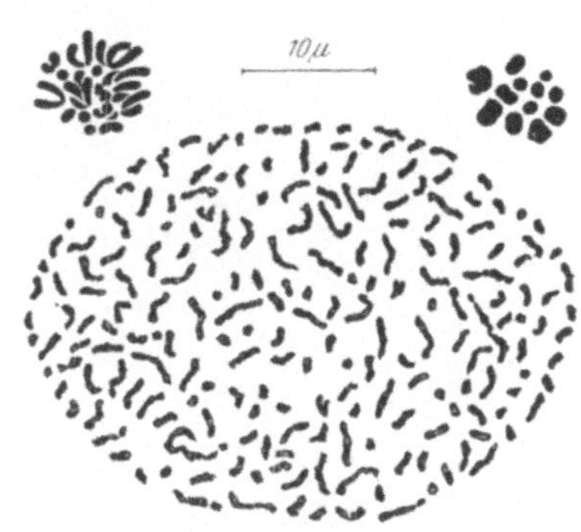

Abb. 12. *Cassida viridis.* Großer, wahrscheinlich 64ploider Kern aus einem Malpighischen Gefäß; oben links zum Größenvergleich Spermatogonienmitose ($2n = 24$), oben rechts I. Metaphase ($n = 12$). — Alk.-Eisess., Essigkarm.; nach GEITLER 1940 c.

5. Dipteren

Die Dipteren zeigen in verschiedener Hinsicht so eigentümliche Verhältnisse, daß sie einer gesonderten Besprechung bedürfen.

Allgemein bekannt sind die großen „Schleifenkerne" mit „Riesenchromosomen" in den Speicheldrüsen und einigen anderen Organen der Larven. Die Zellen sind nicht teilungsfähig, wachsen während des larvalen Lebens heran und gehen dann während der Verpuppung zugrunde. Die Riesenchromosomen selbst besitzen ein artspezifisches Querscheibenmuster, das eine besondere Ausprägung des Chromomerenbaus ist und die Aufstellung cytologischer Chromosomenkarten ermöglicht, die sich z. B. bei *Drosophila* mit den genetischen Chromosomenkarten in Beziehung setzen lassen.

Nachdem die Riesenchromosomen als solche erkannt waren (HEITZ und BAUER 1933, PAINTER 1933), setzten KOLTZOFF (1934) und BRIDGES (1935) mit der Interpretation ein, daß es sich um Bündel zahlreicher, stark gestreckter, daher nach Art des Pachytäns in Chromomeren und Zwischenfibrillen gegliederte Einzelchromosomen handle, die durch Längsteilung auseinander entstanden und miteinander vereinigt geblieben wären. Diese

[15] BUSHNELL nimmt im übrigen an, daß die kleinkernigen imaginalen Epithelzellen zum Teil unter einer Art von „Pseudoreduktion", d. h. Herabsetzung der Chromosomenzahl aus den polyploiden larvalen entstehen (analoge Vorgänge sind bei den Dipteren — *Culex*, *Aëdes* — sicher bekannt.

Auffassung fand bereits durch die morphologische Analyse Bauers an Chironomiden (1935), die den Nachweis eines entsprechenden Fibrillenbaus

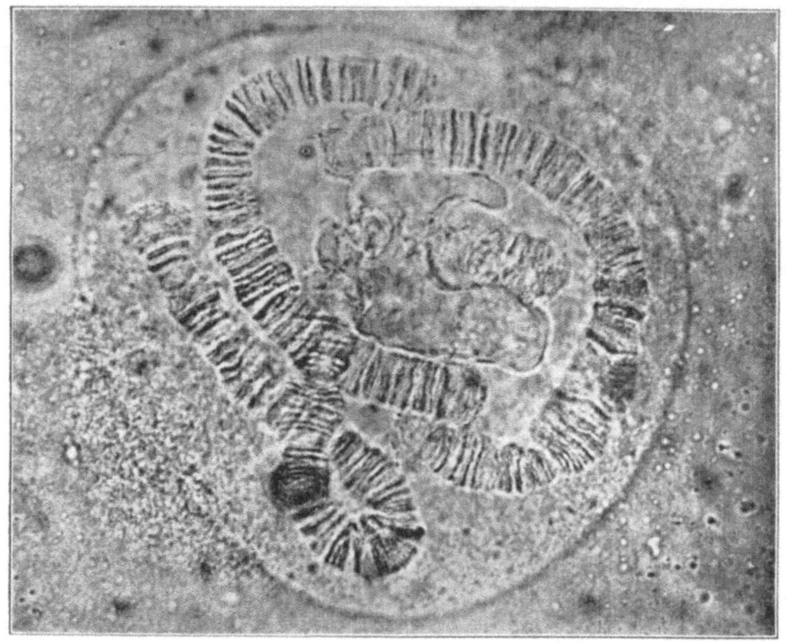

Abb. 13. Riesenkern aus der Speicheldrüse einer Larve von *Chironomus Thummi*, im Leben photographiert: „Riesenchromosomen" mit ihren aus Chromomeren zusammengesetzten Querscheiben; die Homologen völlig gepaart; rechts oberhalb der Mitte der Nukleolus. — Etwa 635fach, nach Bauer 1935.

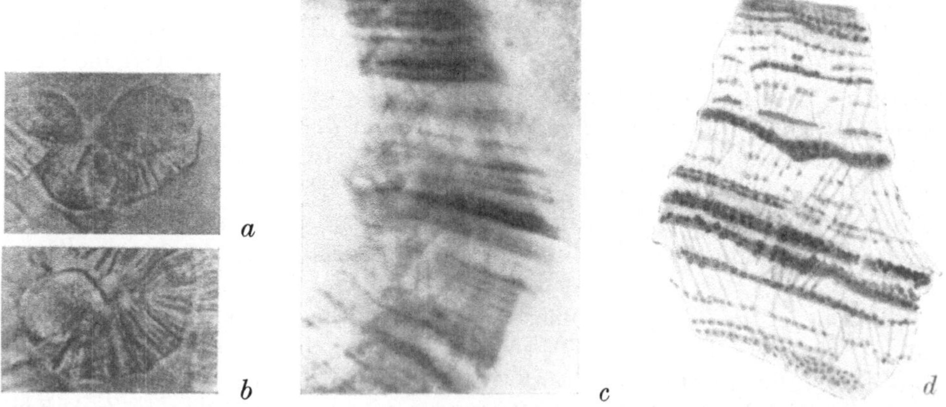

Abb. 14. *a, b, d Chironomus Thummi, c Cryptochironomus dejectus. a, b* optische Querschnitte durch „Riesenchromosomen", im Leben photographiert; man erkennt zahlreiche über den Querschnitt gleichmäßig verteilte Chromomeren; *c* Abschnitt eines „Riesenchromosoms" in Seitenansicht: zwischen den Querscheiben sind die Chromonemen (-bündel) sichtbar (Photo, Essigkarm.); *d* Längsschnitt durch einen Abschnitt eines „Riesenchromosoms", die Chromonemen(bündel) verlaufen schraubig. — *a, b* etwa 635fach, *c* etwa 1200fach, *d* etwa 2000fach; *a, b, d* nach Bauer 1935, *c* nach Bauer 1936.

erbrachte, ihre überzeugende Stütze (Abb. 13, 14). Sie ist nunmehr (Bauer und Beermann, Beermann 1952 a) soweit ausgebaut, daß an der Tatsache nicht mehr gezweifelt werden kann: die Speicheldrüsen„chromosomen" bestehen aus einer großen Zahl identisch gebauter, endomitotisch auseinander entstandener Chromonemen.

Die Einzelelemente lassen sich zudem mikrurgisch trennen (GLANCY, D'ANGELO), und auch elektronenoptische Untersuchungen deuten in der gleichen Richtung (PEASE and BAKER). SLIZYNSKI erzielte durch Röntgenbestrahlung embryonaler Zellen Chromosomenmutationen, die nur in einem Teil des Querschnitts der Riesenchromosomen auftraten, u. zw. in einem um so größeren Teil, je früher die Bestrahlung vorgenommen wurde, je weniger weit also die Polyploidisierung oder Polytänisierung vor-

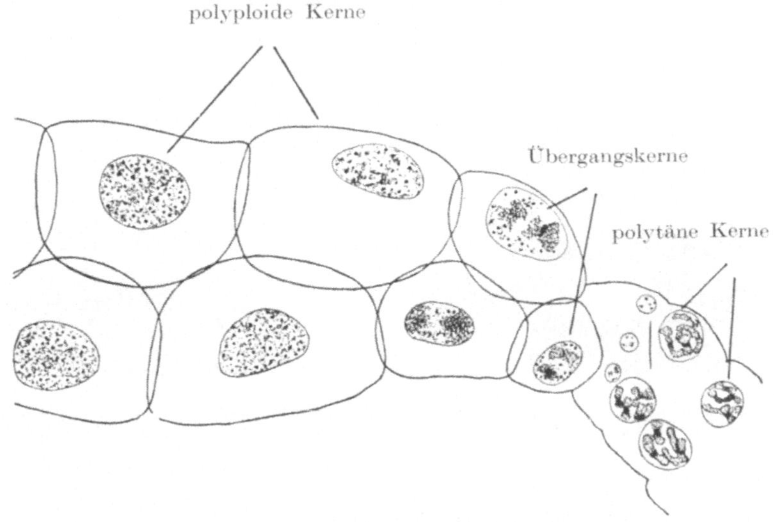

Abb. 15. *Dasyneura affinis*. Teil des basalen Reservoirs und des angrenzenden Abschnitts der eigentlichen Speicheldrüse mit polytänen und frei-polyploiden Riesenkernen. — Nach WHITE 1948.

geschritten war. Es gibt außerdem Arten, bei denen die Riesenchromosomen in den Kernen bestimmter Abschnitte der Speicheldrüse oder anderer Gewebe die dichte Bündelung nicht durchmachen und die Einzelelemente oder Teilbündel frei zur Ausbildung gelangen, so daß diese Kerne im wesentlichen oder doch im Groben den gewohnten Bau sog. „retikulärer", d. h. chromonematischer, netzig fixierbarer Ruhekerne zeigen[16]. So kommen bei der Cecidomyide *Dasyneura affinis* in der gleichen Speicheldrüse beiderlei Kerne und dazu entsprechende Übergänge vor (Abb. 15, WHITE 1948). Bei anderen Dipteren finden sich Speicheldrüsenkerne mit sehr locker gebauten Bündeln (MAINX). Auch bei sonst sehr dicht vereinigten Chromonemen erfolgt eine Zerteilung im Bereich des Nukleolus, der in das SAT-Riesenchromosom eingeschaltet ist, und besonders deutlich in der Region des sog. Balbiani-Rings (BAUER, zuletzt BAUER und BEERMANN 1950/52, BEERMANN 1952 b; Abb. 16).

[16] Eingehend ist die Feinstruktur dieser Kerne allerdings noch nicht untersucht.

Andersartige Deutungen, welche die Polytänie und damit die e. P. negieren — sie wurden mehrfach versucht —, lassen sich nicht mehr aufrechterhalten (vgl. die ausführliche Erörterung bei BAUER und BEERMANN sowie BEERMANN 1952 a, b). Eine andere Frage ist es, ob die sichtbaren Fibrillen die letzten Einheiten darstellen, d. h. den einzelnen Chromosomen bzw. Chromonemen entsprechen. Es ist sehr wahrscheinlich, daß sie ihrerseits Bündel mehrerer Chromosomen darstellen (PAINTER 1939, PAINTER and GRIFFEN 1937, BAUER 1937, BAUER und BEERMANN). Dafür spricht der Umstand, daß sie im Bereich ihrer Auflockerungszonen, z. B. im Balbiani-Ring, sich offenbar so weit zerteilen, daß sie mikroskopisch nicht mehr sichtbar sind; das Chromosom erscheint an dieser Stelle unterbrochen (Abb. 16). Die Unterbrechung dürfte aber nur scheinbar sein und eben

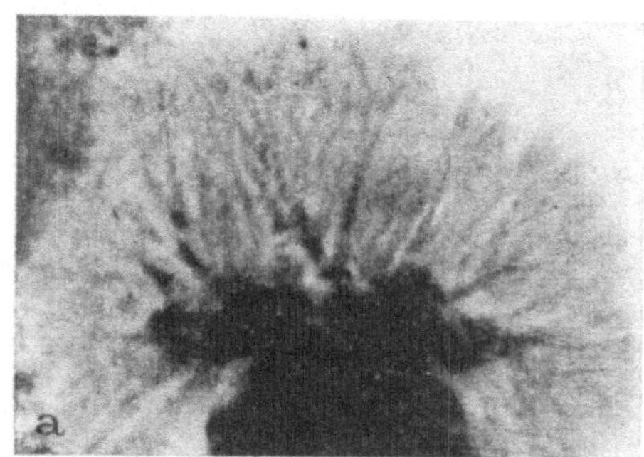

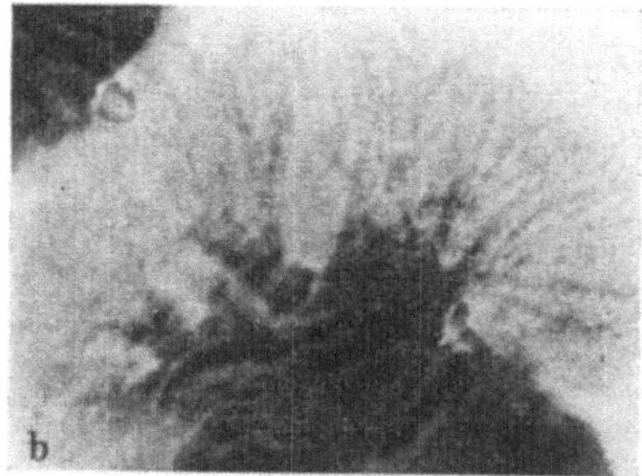

Abb. 16. *Chironomus tentans*. Aufspaltung des vierten Chromosoms in zunehmend dünner werdende Fibrillen-(Chromonemen-) Bündel im Bereich des Balbiani-Rings. — Alk.-Eisess., Essigkarm.; Photo, etwa 1800fach; nach BAUER und BEERMANN.

darauf beruhen, daß mikroskopisch unsichtbare Einzelchromonemen durchlaufen. Allerdings besteht auch die Möglichkeit, daß durchlaufende dickere Fibrillen von mikroskopischen Dimensionen vorhanden sind, aber deshalb nicht sichtbar sind, weil sie keine oder nicht anfärbbare Chromomeren tragen (BAUER und BEERMANN 1950/52); das Fehlen der Chromomeren innerhalb der SAT-Zone und an ähnlichen Stellen wäre nach sonstigen Erfahrungen nicht einmal so unerwartet. — Es sprechen aber auch noch andere Befunde dafür, daß die sichtbaren Längselemente noch nicht die Chromosomen selbst sind. Bei Musciden treten in den heranwachsenden Kernen der Einährzellen Riesenchromosomen, wenn auch nicht ganz typischer Ausbildung, auf, die später in viele kleine Chromosomen von ungefähr metaphasischer Ausbildung zerfallen, — ohne daß es übrigens zu einer Spindelbildung kommt; ihre Zahl ist viel höher, als nach der Anzahl der in den Riesenchromosomen erkennbaren Längselemente zu erwarten wäre (BAUER 1938 an *Musca*, *Lucilia* und *Pollenia*). Diese Chromosomen entstehen offensichtlich aus den Riesenchromosomenbündeln durch selbständige Spiralisierung unter entsprechender Verkürzung der Einzelelemente (ein ähnlicher Vorgang läßt sich auch in bestimmten Kernen des Hinterdarms von *Culex* beobachten; vgl. weiter unten).

Das Verhalten der Einährzellkerne ist auch in anderer Hinsicht von Interesse. Nachdem die metaphasischen Chromosomen entstanden sind, verteilen sie sich im Kernraum — Spindelbewegungen fehlen ja — und strecken sich dann unter Entspiralisierung zu feinen Fäden, die ungeordnet verlaufen. Es entsteht dadurch ein Kern von gewohnter chromonematischer (oder „retikulärer") Struktur, der ebenfalls hoch polyploid ist, in dem aber die Chromosomen frei und nicht „gepaart" sind. Trotz sehr verschiedenem Habitus sind beiderlei Kerne grundsätzlich gleich gebaut. Zwischen beiden Erscheinungstypen der Endopolyploidie gibt es also Übergänge, hier in zeitlicher Aufeinanderfolge, bei *Dasyneura* nebeneinander, wodurch die Polytänie der Riesenchromosomen ihre scheinbare Einzigartigkeit verliert.

Die Einährzellkerne zeigen weiterhin, daß die Kernstruktur in verschiedenen Funktionszuständen der Zelle sich gesetzmäßig verändert (zuerst polytän, dann frei polyploid). Analoge Unterschiede bestehen auch zwischen Zellen verschiedener Organe oder selbst des gleichen Organs, offenbar im Zusammenhang mit verschiedener Funktion: es zeigen sich also gewebe- und zellspezifische Strukturen. Einen tieferen, über die bloße Feststellung hinausgehenden Einblick besitzen wir allerdings noch nicht. Gerade bei den typischen dicht gebündelten Riesenchromosomen ist es aber möglich, eine topographische Aufnahme der Chromomeren durchzuführen und damit eine Analyse der Längsstruktur der Chromosomen mit einer Genauigkeit vorzunehmen, wie sie sonst nirgends möglich ist. Dabei lassen sich — abgesehen von der groben Ausbildung der Kernstruktur im ganzen — gewebespezifische intrachromosomale Unterschiede feststellen, die in verschiedener Ausbildung bestimmter Abschnitte bestehen (Abb. 17, BEERMANN 1950, 1952 a, b; PAVAN and BREUER). Es ändert sich zwar nicht, wie KOSSWIG und SENGÜN annahmen, innerhalb eines Individuums das Chromomerenmuster als solches, doch wird die Struktur der Chromomeren von Gewebe zu Gewebe an bestimmten Stellen verschieden modifiziert. Nach BEERMANN (1952 a) sind die strukturmodifizierten Stellen Orte besonders hohen Stoffumsatzes. Jedenfalls lassen sich hiemit zum erstenmal differentielle Reaktionen der Grundeinheiten des Genoms, das sind die Chromomeren, auf verschiedene innere und — im Zusammenhang mit Funktionswechsel — äußere Bedingungen hin cytologisch nachweisen.

Ein grober Ausdruck der Gewebespezifität ist auch die Ausbildung der Riesenchromosomen als solcher. Sie treten, z. T. systematisch gebunden, in den Speicheldrüsen der Larven, manchmal nur in bestimmten Abschnitten (*Dasyneura*) maximal entwickelt auf. Bei der Cecidomyide *Lestodiplosis* besteht in einer besonders riesenhaft vergrößerten Zelle der Speicheldrüse eine zusätzliche Komplikation: die Riesenchromosomen treten hier in polyploider Zahl auf (WHITE 1946). Dies bedeutet, daß sie entweder nach beginnender Polytänisierung — ähnlich dem Verhalten der Nährzellkerne der Musciden — in ihre Einzelelemente zerfielen, die dann neuerlich eine Polytänisierung erfahren haben, oder daß umgekehrt zunächst freie e. P. erfolgte und dann erst Polytänisierung einsetzte.

Die Riesenchromosomen stellen sich, in größerem Zusammenhang betrachtet, als eine besondere Ausbildungsform der e. P. dar. Das Merkmal

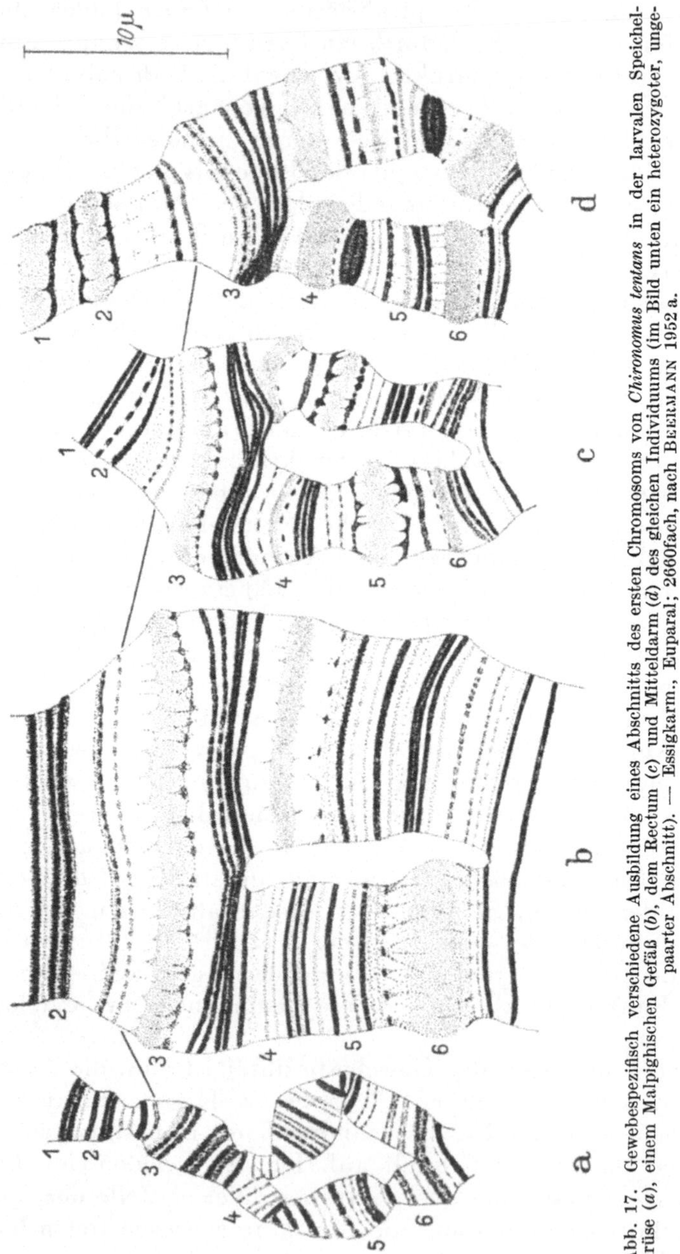

Abb. 17. Gewebespezifisch verschiedene Ausbildung eines Abschnitts des ersten Chromosoms von *Chironomus tentans* in der larvalen Speicheldrüse (*a*), einem Malpighischen Gefäß (*b*), dem Rectum (*c*) und Mitteldarm (*d*) des gleichen Individuums (im Bild unten ein heterozygoter, ungepaarter Abschnitt). — Essigkarm., Euparal; 2660fach, nach BEERMANN 1952 a.

dieser e. P. besteht darin, daß sie sich an gestreckten Chromonemen abspielt, wobei der Streckung, zumindest in den späteren Stadien, vermutlich zusätzlich die Abwicklung einer submikroskopischen Spirale zugrunde liegt (Beermann 1952a, S. 187), und ferner darin, daß die Tochterchromonemen sich nicht trennen, sondern „gepaart" bleiben. Das Verhalten ist artspezifisch, gewebespezifisch und je nach dem Entwicklungsalter verschieden. Die Ursachen des Zusammenhaltens sind nicht ohne weiteres ersichtlich. Zum Teil stehen sie wohl in Beziehung zu der für die Dipteren charakteristischen weitgehenden Entspiralisierung der Chromonemen. Erscheinungen, wie sie z. B. im Hinterdarm von *Culex* auftreten (s. unten), zeigen aber, daß nicht nur morphologisch-mechanische, sondern auch bestimmte physiologische Bedingungen wirksam sein müssen. Ein Zusammen-

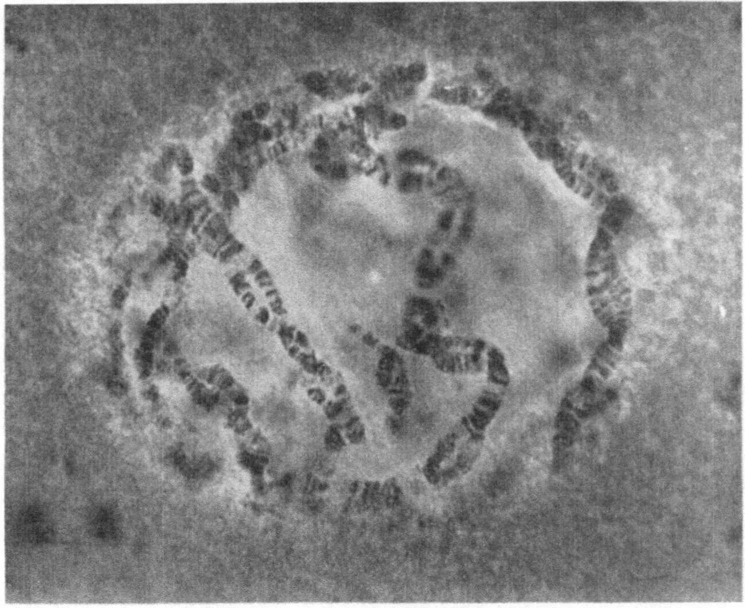

Abb. 18. *Simulium* sp., Larve. Mittelgroßer Kern der Speicheldrüse; „Riesenchromosomen" zum größten Teil ungepaart. — Essigkarm., venet. Terpentin; ca. 900fach, nach Geitler 1934a.

hang besteht offenbar auch mit der den Dipteren eigentümlichen „somatischen Paarung" der homologen Chromosomen, die sich in jeder gewöhnlichen diploiden Mitose, am auffallendsten in der Prophase, zeigt und bewirkt, daß die Chromosomen scheinbar in haploider Zahl auftreten[17].

Dem Prinzip der somatischen Paarung entsprechend sind auch die homologen Riesenchromosomenbündel gepaart und treten demnach in haploider Anzahl auf (Abb. 13). Allerdings ist die Homologenpaarung nicht immer

[17] Die somatische Paarung kommt nach M. Grell (1946b) durch aktives „coming together" der — allerdings auch in der Metaphase nicht weit voneinander entfernten — Homologen während der vorangehenden Anaphase zustande (ältere deskriptive Darstellungen bei Stevens, besonders bei Metz 1916). Die Anziehung spielt sich also im spiralisierten Zustand ab; es kann somit zumindest für die Homologenpaarung (auch der Riesenchromosomen) keine exzessive Chromonemenstreckung verantwortlich gemacht werden.

über die ganze Länge der Chromosomen streng durchgeführt und bei manchen Dipteren, so bei *Simulium*, erfolgt sie nur an einzelnen Stellen. während die Zwischenabschnitte frei verlaufen (Abb. 18, Geitler 1934 a, Painter and Griffen). Es kann auch im gleichen Individuum die Homologenpaarung gewebespezifisch schwanken.

Mit dem Paarungsphänomen — der Homologen wie der Tochterchromosomen — hat die e. P. an sich nichts zu tun: sie kann in Kernen mit freien Chromonemen ebensogut wie in solchen mit eng gebündelten erfolgen. Ihr Ergebnis, die Polyploidie, läßt sich zahlenmäßig nur dann erkennen, wenn nachträglich Mitosen ablaufen, wie dies gesetzmäßig während der Metamorphose in den tetraploiden Kernen der Tracheen und des Hypoderms und in den oktoploiden der Rektaldrüse erfolgt (Frolowa 1926, 1929). Die Chromosomenvervielfachung wird auch unmittelbar dann sichtbar, wenn Riesenchromosomen wie in den Einährzellen der Musciden zerfallen; doch läßt sich hier die Zahl aus technischen Gründen nicht feststellen. In den Riesenchromosomen selbst ist eine Zählung aus optischen Gründen ausgeschlossen; es ist daher auch nicht festgestellt, ob die Vervielfachung genau nach der Zahlenreihe 1, 2, 4 . . ., also synchron, erfolgt.

Die Ontogenie der Riesenbündel wurde zwar wiederholt untersucht (Painter and Griffen, am eingehendsten von Beermann 1952 a), doch läßt sich die Polytänisierung aus grundsätzlichen optischen Gründen nicht schrittweise verfolgen. Aus dem Vergleich der Volumina kleinster (jüngster) und größter Kerne schließen Painter und Reindorp für die ovarialen Nährzellkerne von *Drosophila*, die aber keine typischen Bündel enthalten (Abb. 19), daß acht Endomitosen ablaufen, also 512ploide Kerne entstehen; doch wurden nur fünf Zyklen unmittelbar beobachtet, die ersten drei wurden aus dem Volumunterschied gegenüber sicher diploiden Kernen erschlossen. Dem Schluß liegt die Annahme zugrunde, daß sich bei jeder Endomitose das Kernvolumen verdoppelt, was zwar nicht erwiesen ist; doch stimmen volumetrische Untersuchungen G. Hertwigs (1935) an den Einährzellen von *Drosophila melanogaster* mit dieser Annahme gut überein: es lassen sich Kernklassen mit den Volumina-Verhältniswerten von 1 : 2 : 4 . . . nachweisen und der Vergleich der kleinsten Follikelzellkerne mit den größten Nährzellkernen ergibt einen Volumenunterschied von 1 : 256. Bemerkenswerterweise kommt auch Beermann (1952 a) für die Speicheldrüsenkerne von *Chironomus*, die typische Bündel ausbilden, mit Hilfe der gleichen Voraussetzung zu einleuchtenden Ergebnissen: auf Grund des Vergleichs der Volumina mit embryonalen Kernen lassen sich die größten Kerne auf 16.000ploid schätzen; dazu stimmt auffallend gut das Volumenverhältnis von metaphasischen Chromosomenpaaren und Riesenchromosomen, das ebenfalls 1 : 16.000 beträgt.

Besondere und in verschiedener Hinsicht merkwürdige Verhältnisse herrschen im Hinterdarm der Larven von *Culex* und *Aëdes* (Ch. Berger 1937, 1938 a, b, M. Grell 1945, 1946; polyploide Mitosen wurden schon von Holt 1917 gesehen). Die Kerne, die anscheinend chromonematischen („retikulären") Bau besitzen, wachsen bis zur Metamorphose heran, ohne daß sich an ihrer Struktur, abgesehen von der allgemeinen Zunahme des

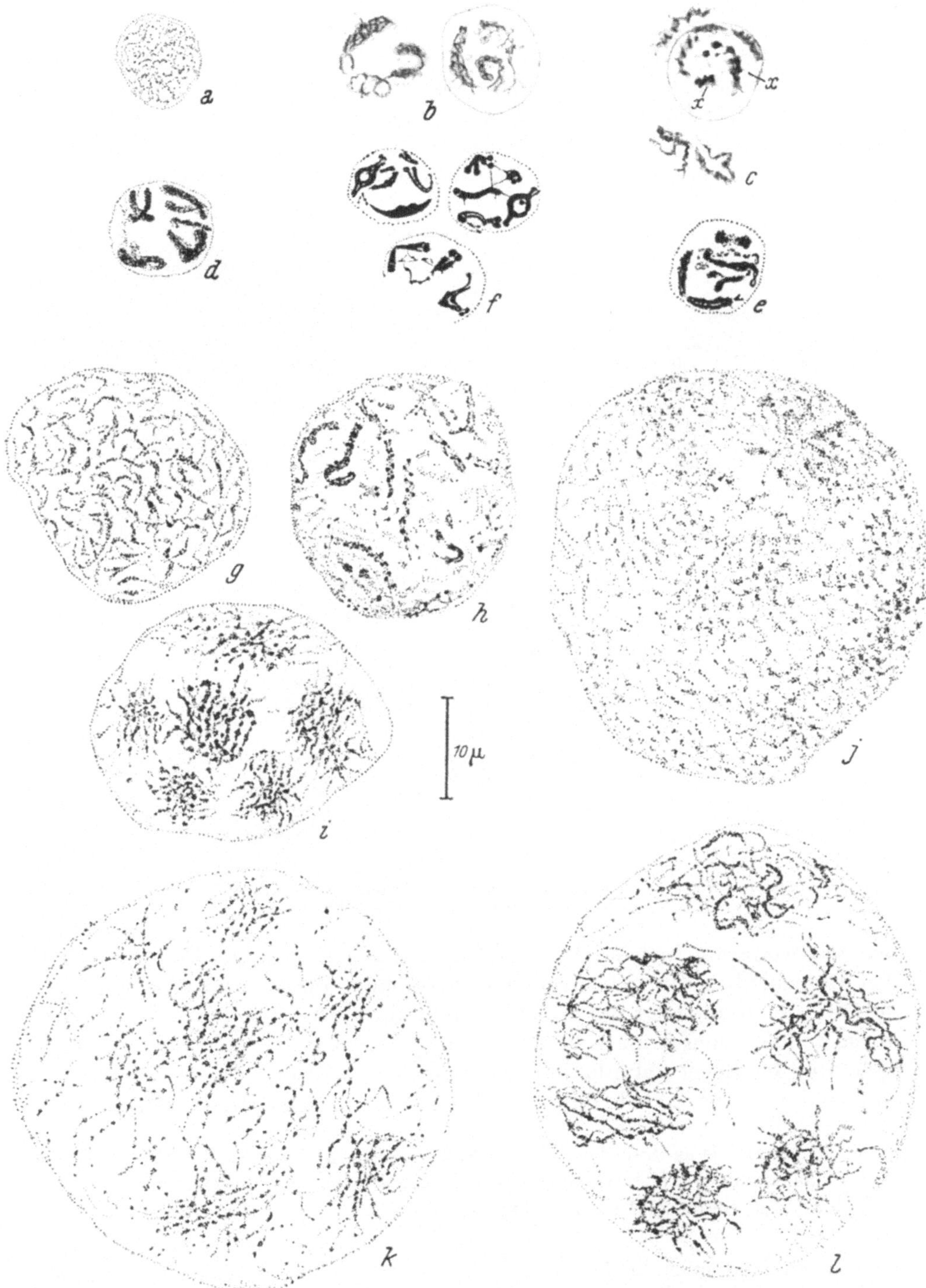

Abb. 19. *Drosophila melanogaster*, Endomitosen in den Nährzellen des Ovars. *a* Ruhekern und *b—f* Endomitosezyklus zu Beginn der Entwicklung (*f* maximale Endometaphase); *g—i* und *j—l* die beiden letzten Endomitosezyklen. — Nawaschin, Mikrotomschnitte, Feulgen; nach PAINTER und REINDORP.

Chromatins, erkennen läßt, was sich in ihnen abspielt[18]. Während der Metamorphose setzen nun Mitosen ein. In der Prophase der ersten dieser Mitosen treten Bündel von in polyploider Zahl vorhandenen Chromosomen auf; die homologen Bündel sind lose somatisch gepaart. Bis zur Metaphase werden die Bündel in ihre Einzelchromosomen zerlegt, die sich nun leicht zählen lassen; es liegt bis 64-Ploidie vor (Abb. 20)[19]. Die durch „unsichtbare" Vervielfachung während der Kern„ruhe" entstandenen Chromosomen

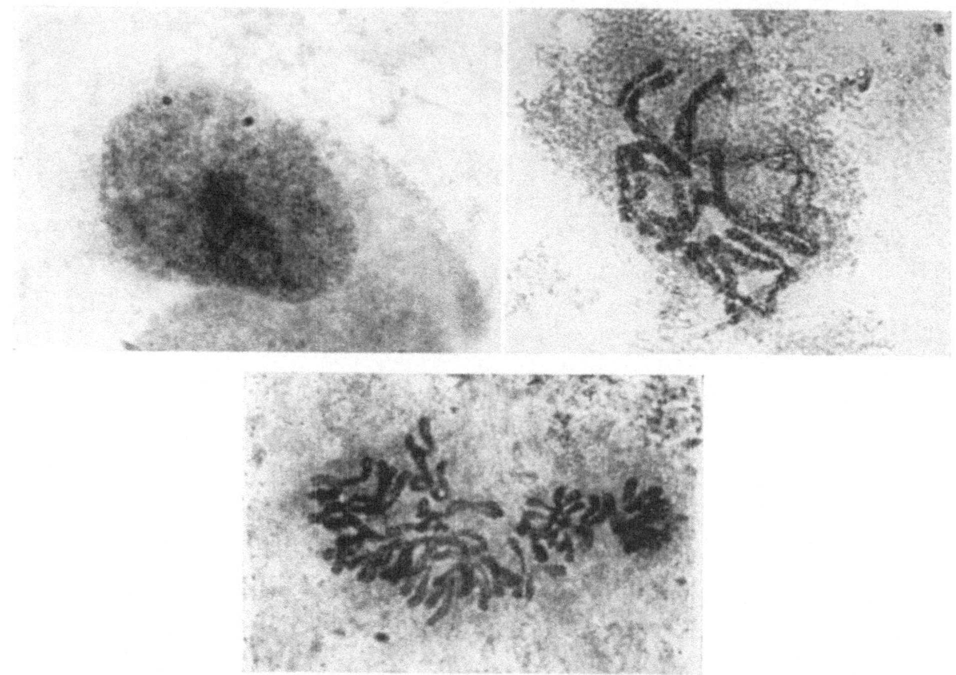

Abb. 20. Ruhekern, mittlere Prophase und Metaphase der 1. Reduktionsmitose im Hinterdarm von *Aëdes*. — Essigkarm.; 940fach, nach BERGER 1938 b.

werden weiterhin in mehreren aufeinanderfolgenden „Reduktionsmitosen" bei Unterbleiben interphasischer Chromosomenteilung auf Kerne und Zellen mit der tetra- oder oktoploiden, vielleicht auch diploiden Zahl verteilt; diese Zellen bauen dann das entsprechende Gewebe in der Imago auf (sonst gehen in der Regel polyploide larvale Gewebe während der Metamorphose zugrunde). Colchizinbehandlung unterdrückt infolge Inaktivierung der

[18] „Endomitosis as described by GEITLER — 1939 — or PAINTER — 1939 — does not occur" (M. GRELL 1946 a, S. 65; auch 1946 b, S. 92). Doch geben PAINTER und REINDORP, S. 282, an, daß sie in „slides which Dr. Berger sent" typische Endomitosen gesehen hätten.

[19] HOLT fand außer Vielfachen von $2n = 6$ auch die Zahlen 9, 18, 36, 72. BERGER (1938 a, S. 224) kann diese Angabe nicht bestätigen. — Die Angabe HOLTS ist von Interesse im Hinblick auf das ausnahmsweise Vorkommen von „Zwischenzahlen" auch bei Angiospermen.

Spindel die Reduktionsmitosen und hat keinen polyploidisierenden Effekt, da keine interphasische Chromosomenteilung erfolgt (SCHUH).

Die Untersuchungen BERGERS erbrachten zum erstenmal den Beweis, daß in teilungsunfähigen Zellen heranwachsender Gewebe mit Kernen von „Ruhestruktur" e. P. erfolgt. Sie beleuchten auch die Problematik der „Paarung" wesentlich; M. GRELL (1946) unterscheidet nicht weniger als neun verschiedenartige Paarungen. Ein näherer Einblick in den Ablauf der Endomitose ist aber auch nicht mittels Rückschlüssen aus der Prophase der 1. Reduktionsmitose zu gewinnen. Nach M. GRELL (1946 a) treten schon in der frühesten (erkennbaren) Prophase homolog gepaarte, optisch einfache Chromosomen auf, die sich allerdings im weiteren Verlauf als Bündel zahlreicher Chromosomen (bis zu 32 je Bündel) entpuppen. Nach GRELLS Auffassung wären die Chromosomen schon vorher, also in den Ruhekernen, nicht frei, sondern gebündelt, d. h. es würden sich die endomitotisch entstandenen Tochterchromosomen nicht trennen, sondern nach jeder Endomitose beisammen*bleiben* (die Homologenpaarung würde noch weiter zurückliegen, nämlich auf das „coming together" in der letzten Anaphase zurückgehen). Ein wesentliches Argument erblickt GRELL in dem relational coiling, das die Homologen zeigen. Daß im Ruhekern nichts von dieser Bündelung zu sehen ist, müßte darauf beruhen, daß die einzelnen Chromonemen außerordentlich lang ausgezogen und daher entsprechend dünn sind, so daß der ganze Chromosomenstrang als einfacher Faden erscheint, was in der frühen Prophase tatsächlich zutrifft. Ob diese Auffassung richtig ist oder ob nicht doch im Ruhekern die Chromosomen frei liegen — oder vielleicht nur ein Zusammenhalt am Centromer gegeben ist —, läßt sich zunächst kaum und vielleicht überhaupt nicht direkt entscheiden. Die Entscheidung wäre aber auch von Interesse im Hinblick auf die vielleicht ähnlich gebauten endopolyploiden Ruhekerne der Angiospermen [20].

Sicher ist, daß in der frühen Prophase ein so fester Zusammenhalt an den Centromeren aller *Tochter*chromosomen eines Bündels vorhanden ist, daß der *Eindruck* eines einheitlichen Centromers entsteht. Der gleiche Eindruck entsteht aber auch durch „fusion" der *homologen* Centromeren, obwohl sie sicher nicht auseinander entstanden sind. Es ist also auch der Schluß von der Einheitlichkeit der Tochtercentromeren auf ihr präexistentes Beisammenbleiben nicht zwingend.

Die prophasischen Bündel unterscheiden sich im übrigen von Riesenchromosomen dadurch, daß sie gegenüber Metaphasechromosomen nicht in der Größenordnung 1 : 100, sondern nur ungefähr zwölfmal verlängert sind. Sie zeigen auch nicht das entsprechende Chromomerenmuster. Der Unterschied läßt sich durch die Annahme erklären, daß diese Chromosomen

---

[20] BERGER (1938 a) nimmt *getrennte* Chromonemen an und argumentiert (S. 224): „Small resting nuclei of young larvae have very much the same appearence (— wie die ausgewachsenen polyploiden). No structural differences could be detected in the size of the fine threads or the density of their distribution. Since the large old nuclei are about eight times the volume of the young ones, this similarity of structure indicates that the threads are not growing in size but rather increasing in number during the larval growth period."

im Gegensatz zu denen der Speicheldrüse nicht zusätzlich submikroskopisch entspiralisiert sind.

Im Unterschied zu der Endomitose im Hinterdarm von *Culex*, die sich nach BERGER und M. GRELL der unmittelbaren Beobachtung entzieht (vgl. aber S. 30, Fußnote 18), ist sie in den Nährzellen des Ovars von *Drosophila* mit einem deutlich ausgeprägten chromosomalen Formwechsel verbunden (Abb. 19, PAINTER und REINDORP); er geht aber in den Spätstadien nicht so weit wie bei den Heteropteren. Die Ruhekernstruktur ist auch hier nicht klargestellt. PAINTER und REINDORP sprechen von einem „reticulum"; aus den Abbildungen (Fig. 1) ergibt sich beinahe der Eindruck, als ob feine Fäden ausgebildet wären. In der Endoprophase treten, wie in der 1. Prophase im Hinterdarm von *Culex*, die Tochterchromonemen gebündelt in Erscheinung, und zwar in den jüngeren Kernen dichter. Der Habitus der Endomitose verändert sich also mit dem Alter des Organs. In den älteren Kernen liegen die Tochterchromonemen vielleicht sogar frei (oder sie trennen sich früher als in den jüngeren). Über das Verhalten der Centromeren läßt sich nichts Sicheres aussagen, doch dürften auch sie in den späteren Endomitosen getrennt liegen.

Zusammenfassend ergibt sich, daß auch bei den Dipteren im Zuge der somatischen Differenzierung die gleichen Vorgänge wie bei anderen Organismen gesetzmäßig ablaufen: es erfolgt Wachstum der Kerne bestimmter Gewebe unter endomitotischer Vervielfachung der Chromosomen. Das besondere äußerliche Bild ergibt sich aus besonderen entwicklungsgeschichtlich-morphologischen Ausprägungen: die Chromosomen sind im Ruhekern nicht wie bei den Wanzen, Schmetterlingen u. a. stark kondensiert ausgebildet und die endomitotischen Tochterchromosomen isolieren sich nicht in allen Fällen. Sie bleiben in bestimmten Geweben bestimmter Arten teils im Zusammenhang wohl mit ihrer extremen Entspiralisierung, teils aus anderen unbekannten Gründen „gepaart". Daß die Polytänie eine akzessorische Erscheinung ist, die sogar bei den Dipteren mit ihrer allgemeinen „Paarungstendenz" nicht notwendigerweise mit der e. P. verbunden ist, zeigt das Verhalten in den späten Endomitosen der ovarialen Nährzellen von *Drosophila*, in denen nur eine schwache Bündelung durchgeführt ist, ebenso vermutlich der endomitotische Ablauf in den Hinterdarmzellen von *Culex* und schließlich überhaupt das Vorkommen polyploider Kerne ohne Bündelung der Chromonemen.

6. Vertebraten; Tumoren

Für die Vertebraten liegen auffallend wenige Angaben vor, die auf e. P. schließen lassen. Dies mag z. T. zufällige Gründe haben, beruht aber wohl auch darauf, daß e. P. im Vergleich etwa zu den Insekten eine geringere Rolle spielt. Außerdem ist die Ruhekernstruktur („Netzknotenkerne") einer morphologischen Analyse nicht günstig. Exzessiv große Kerne bilden jedenfalls eine Seltenheit. Für die Megakaryozyten der Maus hat allerdings RIES (1939) nach künstlicher Auslösung von Mitosen hochgradige Polyploidie — und offenbar Endopolyploidie — festgestellt (Abb. 21; vgl. auch

POTTER and WARD). Für die Megakaryozyten des Menschen wiesen WEICKER und NÖLLER mit Hilfe spontan auftretender Mitosen bis ± 32-Ploidie nach, — doch scheint sie, soweit aus den unvollständigen Befunden und Angaben zu schließen ist, eher durch Mitosehemmungen als durch Endomitosen zustande zu kommen. Auf e. P. deuten vielleicht auch die „pseudotetradi" hin, die DELLA VALLE bei *Salamandra* und *Bufo* beobachtete, und alle Arten „somatischer Diakinesen" und von „Doppelchromosomen", wie sie namentlich in Tumoren beobachtet wurden (vgl. unten), sind in dieser Hinsicht „verdächtig".

Auf mäßige Grade von e. P. lassen vielleicht auch die Beobachtungen über rhythmisches Kernwachstum schließen (JACOBJ 1925, 1935; ausführliche Besprechung bei GEITLER 1941). Es kann jedoch nicht die rhythmische Volumvergrößerung allein als sicherer Ausdruck von e. P. betrachtet werden, seitdem erwiesen ist, daß sie auch durch rhythmische Vermehrung der extrachromosomalen Proteine im Kern zustande kommen kann (SCHRADER and LEUCHTENBERGER 1950 a; vgl. Abschnitt B 1). In der Leber der Ratte, für die rhythmisches Kernwachstum feststeht, ist es aber möglich, durch operative Abtragung einzelner Teile Mitosen auszulösen; die Kerne erweisen sich als diploid, tetraploid und oktoploid (D'ANCONA, auch VENDRELY, LEUCHTENBERGER et VENDRELY; HARRISON gibt nur tetraploide Kerne an). Es ist kaum zu zweifeln, daß e. P. zugrunde liegt. Die Endomitose wurde aber nicht beobachtet, auch die Prophase der auf Endomitosen folgenden Mitosen wurde nicht untersucht. Vermutlich niedrig endopolyploide Zellen treten auch in der Leber der Maus (JACOBJ 1925, SCHRADER and LEUCHTENBERGER 1950 a) beim Kaninchen (CLARA) und beim Meerschweinchen in Leber, Niere und Pankreas auf (D'ANCONA, MAGRINI e D'ANCONA). Andererseits kann Polyploidie aber wohl auch durch Mitosehemmungen mit Restitutionskernbildung zustande kommen (vgl. TEIR[21]).

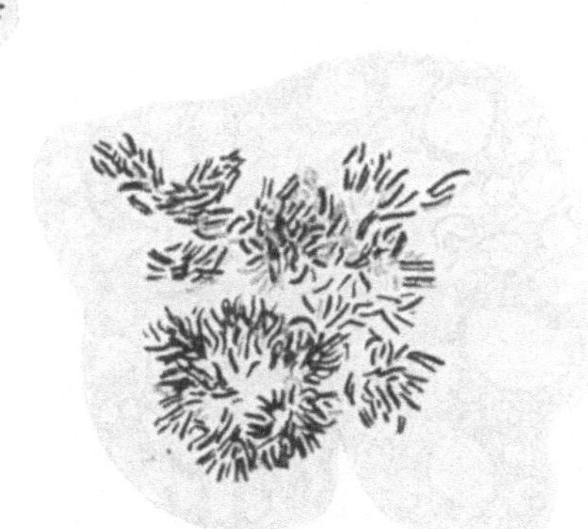

Abb. 21. Megakaryozyt aus der Milz einer 42 Tage alten Maus, 4 Tage nach Injektion von 0,04 mg Colchizin in gehemmter Metaphase mit mehreren hunderten Chromosomen (die Fig. stellt nur einen von vier Teilschnitten dar); zum Vergleich Metaphase einer diploiden Zelle. — Bouin, Mikrotomschnitte, Hämalaun; nach RIES 1939.

Im ganzen betrachtet, bedarf es noch gründlicher Untersuchungen, um über bloße Vermutungen hinsichtlich der e. P. hinauszugelangen. Dies gilt auch für die Tumoren verschiedener Art, in denen häufig, manchmal typisch, polyploide Mitosen auftreten, außerdem aber auch Mitosen mit unregelmäßigen Chromosomenzahlen unter bedeutender Streuung und allerlei Mitoseanomalien sich finden. In bestimmten Fällen (Ascites-Tumoren

[21] Literaturangaben über mehr oder weniger unsichere Fälle bei HELWEG-LARSEN.

der Maus) herrscht Tetraploidie vor (HAUSCHKA and LEVAN, LEVAN and HAUSCHKA); entsprechend beträgt der DNS-Gehalt das Doppelte gegenüber diploiden Geweben (LEUCHTENBERGER, KLEIN and KLEIN). In anderen Fällen finden sich verschiedene Zahlen (THERMAN and TIMONEN 1950, TIMONEN and THERMAN für den Menschen). Vielfach entsteht die Polyploidie und Aneuploidie nachweisbar durch Mitosestörungen (vgl. besonders TIMONEN and THERMAN[22]). Daß auch e. P. vorkommen kann, ist

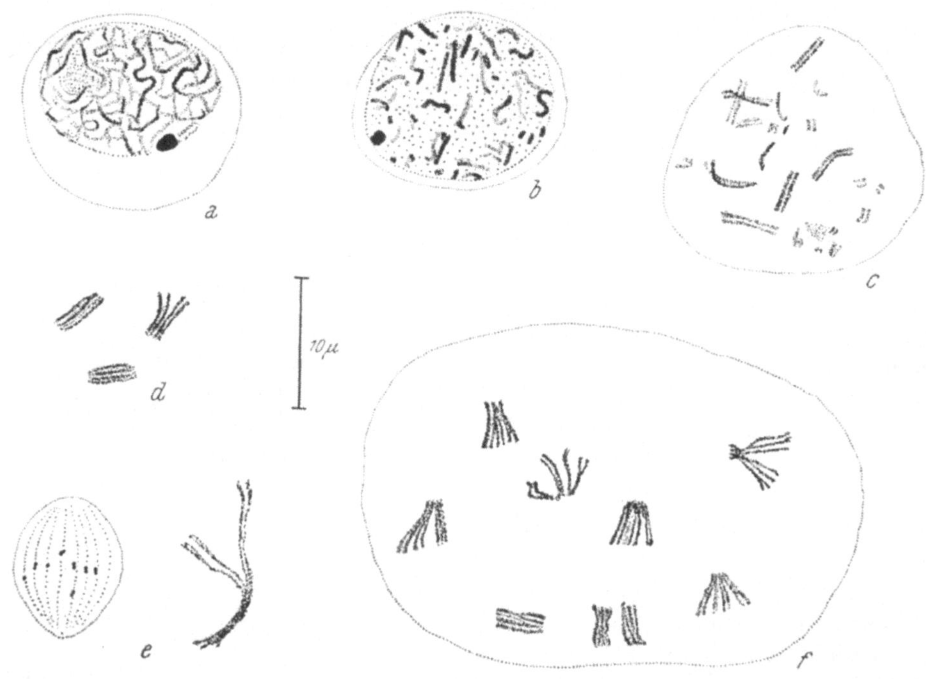

Abb. 22. *Ephelota gemmipara*, Entwicklung der Makronukleusanlage im Exkonjuganten. *a* Spiremphase; *b* Kondensation der Chromosomen zu Beginn der e. P.; *c* Stadium der Doppelchromosomen; *d* einzelne Viererbündel; *e* Größenvergleich zwischen den Chromosomen einer meiotischen Spindel (links) und den Chromatiden einer Vierergruppe in Endoprophase; *f* Achterbündel. — Mikrotomschnitte; nach K. GRELL 1949.

auf Grund der Angaben über „Reduktionsteilungen" in Carcinomen und Sarkomen des Menschen, in Tumoren des Hundes, der Maus und der Forelle und der Angaben über „somatische Diakinesen" und „Doppelchromosomen" in Teerkarzinomen und Tumoren der Maus nicht unwahrscheinlich; es handelt sich offenbar um „gepaarte" Tochterchromosomen (vgl. GEITLER 1943; daselbst Literaturangaben), wie dies z. T. schon WINGE (1930) mutmaßte[23].

[22] Unübersichtliche Verhältnisse kommen dadurch zustande, daß die Chromosomenzahl beim Menschen intraindividuell stark schwanken kann — wenigstens im proliferierenden Uterus-Epithel (THERMAN and TIMONEN 1951); vgl. auch die merkwürdigen Angaben von LAMS über angebliche interindividuelle Schwankungen beim Menschen.

[23] Über die sog. Paarung der endomitotisch entstandenen Tochterchromosomen in den auf Endomitosen folgenden Mitosen vgl. Abschn. 8.

Es ist aber auch möglich, daß bloß gehemmte Mitosen oder Folgen solcher vorliegen, wie vor allem Untersuchungen am Antherentapetum nahelegen (CARNIEL, MECHELKE; vgl. Abschn. 8). Als gehemmte Mitosen sind vielleicht auch die von BIESELE, POYNER and PAINTER im Mäusekrebs beobachteten „Endomitosen" aufzufassen, welche die Autoren als abgekürzte Mitosen, die über die Prophase nicht hinausgehen, beschreiben.

Der e. P. in Tumoren kommt jedenfalls keine ätiologische Bedeutung zu, wie auch offenbar Mitoseanomalien Symptome, aber nicht Ursachen darstellen; dies ergibt sich schon daraus, daß es Krebse gibt, in denen keinerlei morphologisch-cytologische Störungen vorkommen.

7. Protisten

Die seit langem bestehende Annahme, daß die Kerne bestimmter phylogenetisch stark abgeleiteter Protisten, die auch sonst nicht als primitive Einzeller erscheinen, vielwertig oder polyenergid sein müssen (M. HARTMANN 1909), hat in einigen Fällen ihre Bestätigung durch den Nachweis von e. P. gefunden (vgl. dazu auch M. HARTMANN 1952).

Die Makronuklei der Ciliaten, rätselhaft durch ihre Größe wie durch ihre — trotz physiologischer Vollwertigkeit — unter dem Bild einer Amitose sich abspielenden Teilung, konnten, nachdem die Endomitose einmal bekannt war, als erste als endopolyploid vermutet werden (GEITLER 1939 a, 1940 a, 1941) [24]. Bei *Colpoda steini* treten während der Amitose feulgenpositive Körper in bestimmter Zahl auf, die gesetzmäßig auf die Tochterkerne — in diesem Fall vier, die Teilung erfolgt in Vermehrungscysten — verteilt werden. PIEKARSKI (1939) hält die Körper für Chromosomenaggregate, deren jedes den haploiden Chromosomensatz darstellt, und betrachtet den Makronukleus als polyploid. Aus der älteren Literatur konnte PIEKARSKI (1941) zahlreiche Angaben über „Doppelchromosomen"-Strukturen zusammenstellen, die dafür sprechen, daß die Makronukleusanlage in den Exkonjuganten unter e. P. heranwächst und dadurch zum Makronukleus wird. Daß der Makronukleus „compound" wäre, schloß auch SONNEBORN aus der Tatsache, daß experimentell erzeugte kleine Bruchstücke neue vollwertige Makronuklei regenerieren können. Den gleichen Schluß zog schon M. HARTMANN auf Grund von Merotomie- und Regenerationsexperimenten.

Den bündigen Beweis erbrachte K. GRELL (1949, 1950, 1953) für das Suktor *Ephelota gemmipara*: in der heranwachsenden Makronukleusanlage lassen sich die Endomitosen unmittelbar verfolgen und eingehend analysieren. Die dem Synkaryon entstammenden Chromosomen der jungen Anlage erfahren zunächst eine spiremartige Ausbildung und beginnen dann ohne Spindelbildung im geschlossenen Kern „mit autonomen Teilungen, welche fort-

[24] Die Makronuklei funktionieren auch in mikronukleuslosen Stämmen normal, und zwar nachweisbar durch Jahre hindurch (PIEKARSKI 1939), vermutlich beliebig lange. — Daß der Makronukleus im übrigen nicht nur trophische Funktionen ausübt, sondern auch genetisch aktiv ist, also auch in dieser Hinsicht nicht als physiologisch minderwertig betrachtet werden kann, obwohl er bei der sexuellen Fortpflanzung ausscheidet, zeigen Untersuchungen SONNEBORNS u. a. (Literatur bei K. GRELL 1950).

schreitend zu Zweier-, Vierer -und Achtergruppen führen, wobei der größte Teil der Chromosomen zu Bündeln vereinigt bleibt, welche auf dem Achterstadium durch Verklebung an einem Ende ‚Reiserbesenform' annehmen. Die zuletzt gebildeten Geschwisterchromatiden treten auf den verschiedenen Stadien jeweils ‚gepaart' auf" (Abb. 22). Der Makronukleus wird auf diese Weise mindestens 16ploid. Doch sind Anzeichen vorhanden, daß die Chromatiden der Achtergruppen polytän gebaut sind und später in ihre Einzelelemente zerfallen: sie sind im Vergleich zu den meiotischen Chromosomen außerordentlich groß; in der Endoprophase sind sie mindestens 40mal länger

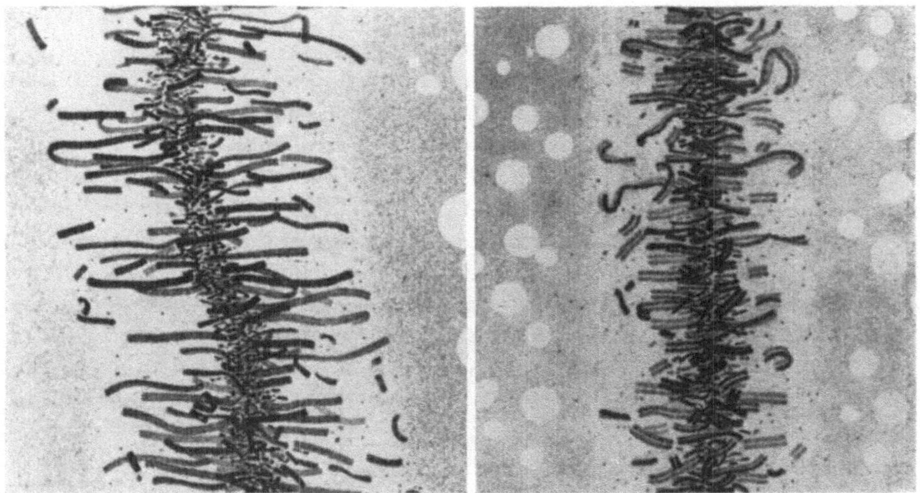

Abb. 23. *Aulacantha scolymantha.* Teilung des Primärkerns: Ausschnitte aus einer Äquatorialplatte, *a* etwas jünger als *b*; die als einheitliche Chromosomen erscheinenden Gebilde sind — z. T. längsgespaltene — Sammelchromosomen. — Nach BORGERT 1900.

(Abb. 22e), was sich durch einfache Entspiralisierung kaum erklären läßt. — Auf die letzte Endomitose folgt ein „achromatisches" Stadium, in dem die Chromonemen sich offenbar weitgehend entspiralisieren und anukleal werden, worauf dann die definitive Ruhekernstruktur mit feulgenpositiven, fädig gewundenen Chromosomen oder Chromonemen erreicht wird.

Auf Grund dieser Beobachtungen und älterer experimenteller Befunde muß die Amitose neu interpretiert werden[25]. Es kann sich schon aus mechanischen Gründen schwerlich um maskierte Mitosen handeln, namentlich nicht in den Fällen, in denen die Amitose unter dem Bild einer Knospung und multipel verläuft: jede Knospe erhält offenbar einen voll-

[25] Abgesehen von der Amitose der Ciliaten gibt es auch bei Metazoen in bestimmten Geweben gesetzmäßig während der Ontogenese ablaufende Amitosen (vgl. RIES 1937); es handelt sich weder um pathologische noch um ungeordnete Fragmentationen nach Art der Vorgänge in den alten Internodialzellen der Characeen, die ungleichwertige Kerntrümmer ergeben (vgl. GEITLER 1939a, Abb. 11); das Wesen dieser regelmäßigen Amitosen der Metazoen ist noch unbekannt, doch ist anzunehmen, daß ihnen Endomitosen zugrunde liegen.

wertigen Chromosomensatz. Es muß ja auch auf Grund des Verhaltens mikronukleusloser Stämme und genetischer Experimente eine gesetzmäßige erbgleiche Verteilung aller Chromosomen angenommen werden. Offenbar erfolgt eine streng geregelte Auseinandersortierung ganzer Genome (Genomsegregation, K. GRELL). Wie diese verläuft, ist noch unbekannt. Daß aber überhaupt die Amitose mit sehr regelmäßigen strukturellen Veränderungen im Kerninnern verbunden ist, ist schon lange erwiesen (z. B. Bildung von „Reorganisationsbändern" bei Hypotrichen).

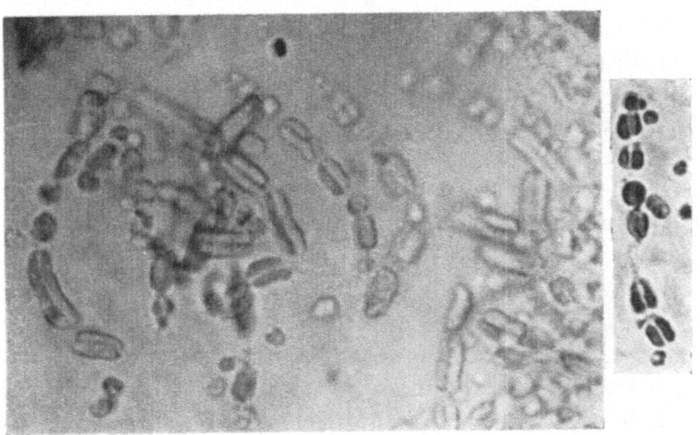

Abb. 24. *Aulacantha scolymantha.* Endometaphase des Primärkerns: die längsgespaltenen Sammelchromosomen erscheinen als Ketten von Einzelchromosomen; es sind nur Bruchstücke der Ketten sichtbar, im rechten Bild ist ein „Verbindungsfaden" zwischen den Einzelsegmenten erkennbar. — Quetschpräp., Alk.-Eisess., Essigkarm.; Photo, ca. 1000fach, nach K. GRELL 1952.

Eine unmittelbar verfolgbare Genomsegregation, und zwar mit Hilfe mechanischen Zusammenhalts der Chromosomen eines Genoms, findet sich bei Radiolarien während der Teilung des Primärkerns (K. GRELL 1950, 1952 für *Aulacantha scolymantha*)[26]. Die Riesenkerne hatte schon M. HARTMANN (1909) als polyenergid angesprochen und schließt (1952) aus dem Zerfall des Primärkerns in eine große Zahl von „Sekundärkernen" unter charakteristischen chromosomalen Vorgängen bei der Schwärmerbildung auf die hochgradige Polyploidie des ersteren. Die Schlußfolgerung ist durch die Beobachtungen K. GRELLS zwingend geworden. Nach GRELLS Befunden klären sich die in den klassischen Untersuchungen BORGERTS enthaltenen, seinerzeit unvermeidlichen Widersprüche und Irrtümer nunmehr in folgender Weise auf.

Die Zweiteilung des riesenhaften Primärkerns, während welcher in einer „Äquatorialplatte" ungefähr 1000 sehr große und untereinander auffallend gleichgestaltete „Chromosomen" auftreten (Abb. 23), ist keine Mitose, denn es fehlen Spindelstrukturen, Teilungszentren, genaue metaphasische Anordnung und typische Anaphase. Die angeblichen Chromosomen sind in

[26] Gemeinsames Manövrieren aller Chromosomen eines Satzes infolge mechanischen Zusammenhalts gibt schon CLEVELAND für den parasitischen Flagellaten *Trichonympha* an; allerdings handelt es sich um die Tochtergenome in haploiden Kernen.

Wirklichkeit Sammelchromosomen, deren jedes einen ganzen Chromosomensatz umfaßt: die Einzelchromosomen sind endweise verbunden und schließen in dieser Kernteilung lückenlos aneinander, so daß sie einheitlich erscheinen und für Chromosomen gehalten werden konnten. In einer dieser Kernteilung vorangehenden Endomitose treten sie dagegen voneinander abgesetzt und nur durch Fäden endweise verbunden in Erscheinung (Abb. 24). Die Chromatiden, die in dieser Endomitose entstehen, fallen in der Endotelophase auseinander, bleiben aber im gleichen Kern eingeschlossen. In der nun folgenden Teilung des Kerns erfahren die „Genomchromosomen" eine neuerliche Längsspaltung, doch gehen die Tochterchromatiden nicht zu verschiedenen Polen, sondern in den gleichen Tochterkern; das Verhalten ist also auch in dieser Hinsicht einer Mitose ganz entgegengesetzt. Es handelt sich auch nicht um eine solche, sondern um eine Genomsegregation, in der nicht verschiedenartige Einzelchromosomen, sondern homologe Sammelchromosomen, und zwar in der Zahl von ungefähr 1000, deren jedes den ganzen haploiden Satz umfaßt, manövrieren. Diesem Aufbau des Primärkerns entspricht völlig sein Verhalten bei der Schwärmerbildung: hier zerfällt der Primärkern zunächst in die einzelnen Sammelchromosomen und es entstehen kernartige Gebilde mit je einem solchen „Chromosom"; hierauf zerfällt jedes Sammelchromosom in seine einzelnen Chromosomen, die sich nunmehr, in der Zahl 10—12, normal mitotisch teilen, wobei normal gebaute, entsprechend kleine Kerne entstehen, die zu den Kernen der Schwärmer werden.

Unmittelbar beobachtet ist bei *Aulacantha* — abgesehen von den Vorgängen bei der Schwärmerbildung — der Sammelchromosomenbau und zumindest eine sichere Endomitose mit weitgehend mitotischem Formwechsel der Sammelchromosomen. Die Polyploidisierung des Primärkerns, die an sich sichersteht, ist dagegen nicht fortlaufend verfolgt. Es läßt sich daher nicht sagen, wie sie zustande kommt. Der fertiggestellte Kern ist auf Grund des Vorhandenseins von ungefähr 1000 Sammelchromosomen als 1028ploid anzusprechen.

Die Befunde an *Aulacantha* werfen Licht auch auf die Organisation anderer Radiolarien, bei denen nach älteren Beobachtungen offenbar grundsätzlich die gleichen Verhältnisse herrschen (M. Hartmann 1952).

Ebenso herrscht offenbar bei dem isoliert stehenden, merkwürdigen Heliozoon *Wagnerella borealis* mit seinem Riesenkern hochgradige Endopolyploidie (M. Hartmann 1952).

Doch dürfen die Befunde nicht summarisch verallgemeinert werden: nicht jeder Riesenkern eines Protisten ist polyploid. So ist der sehr große Kern der Foraminifere *Myxotheca arenilega* diploid oder vielleicht sogar haploid (Föyn). Die Vergrößerung beruht hier auf der Zunahme der Masse des Kernsafts (Kerngrundsubstanz) und der Nukleolarsubstanz. Die Kernspindel und die Chromosomenmasse, die bei der Mitose entsteht, ist dementsprechend im Vergleich zum Kernvolumen winzig klein (Abb. 25). Solche Kerne, die im Ruhezustand weitgehend anukleal und chromatisch unstrukturiert erscheinen, vergrößern sich also nach Art der tierischen Eikerne während deren Wachstumsperiode[27]. — Einen diploiden Riesenkern besitz nach den Untersuchungen SCHULZES auch die einkernige siphonale Grünalge *Acetabularia*.

Unter den pflanzlichen Protisten ist e. P. bisher nur für Hefen angegeben (SUBRAMANIAM). Infolge der bei Hefen überhaupt sehr schwer enträtselbaren karyologischen Verhältnisse — schon die gewöhnliche Mitose ist schwierig analysierbar — bleiben weitere Untersuchungen abzuwarten.

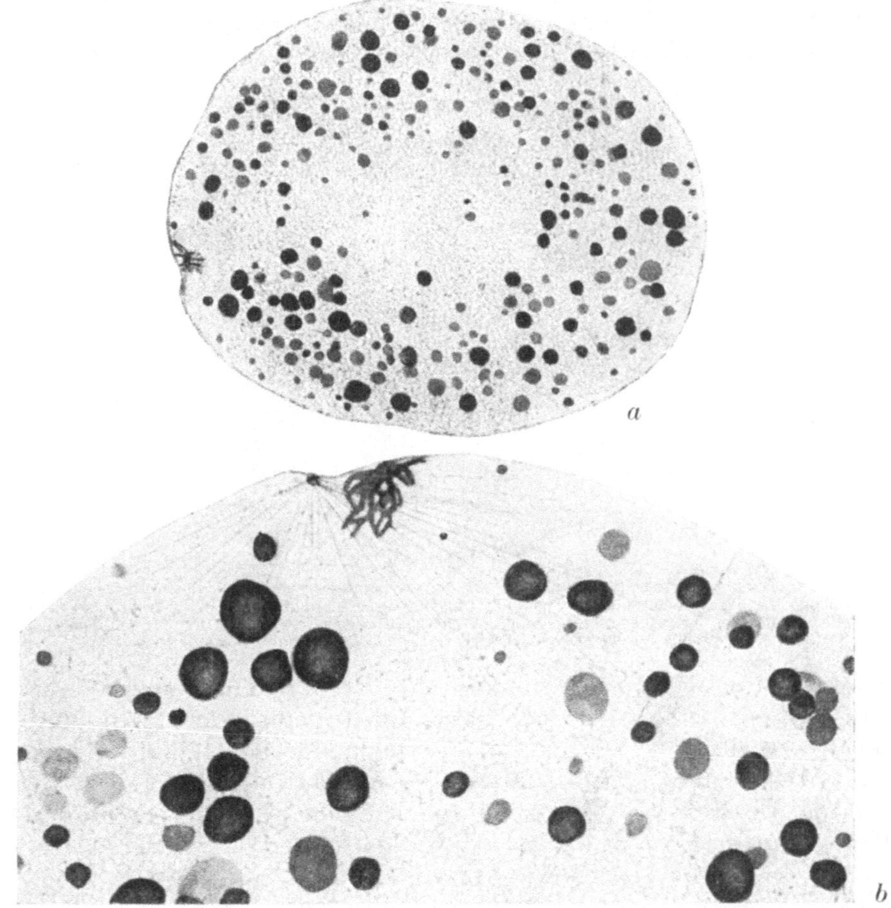

Abb. 25. *a* vegetativer Kern der Foraminifere *Myxotheca arenilega* mit der ersten Teilungsspindel (im Bild links), 1100fach; *b* Teilbild hieraus, nur ein Stück der Teilungsfigur mit einem Centrosom im Schnitt getroffen (3000fach). — Susa; nach FÖYN.

8. Angiospermen

Einleitung. Über die e. P. der Angiospermen liegen mehr Untersuchungen als über die der Tiere vor, obwohl diese vermutlich ungleich aufschluß-

[27] Doch kann das Fehlen sichtbarer feulgenpositiver Strukturen für sich allein nicht als Anzeichen fehlender Polyploidie betrachtet werden: strukturlos sind auch die sicher endopolyploiden Makronukleusanlagen vor ihrer endgültigen Ausgestaltung (vgl. S. 36).

reichere Verhältnisse bieten. Bei den Angiospermen — andere Pflanzengruppen wurden bisher nicht untersucht — ist ja die Gewebedifferenzierung an sich vergleichsweise primitiv. Die Polyploidie reicht meistens kaum bis 16-Ploidie und übersteigt selten 32-Ploidie. Bezeichnend ist, daß di- und polyploide Zellen in vielen Fällen gemischt, wenn auch nicht regellos vermischt, im gleichen Gewebe auftreten; so bauen die Wurzelrinde neben diploiden auch tetra- und oktoploide Zellen auf (Polysomatie; LANGLET).

Allen Angiospermen ist gemeinsam, daß die Endomitose unauffällig abläuft und im einzelnen nur schwer verfolgt werden kann, da sie nicht mit einem mitoseähnlichen chromosomalen Formwechsel verbunden ist. Im

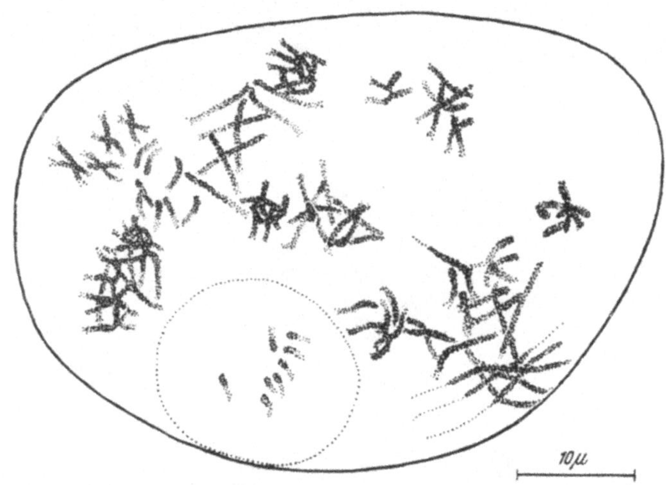

Abb. 26. *Sauromatum guttatum.* 16ploider Kern aus dem Grundgewebe der Knolle in mittlerer Prophase; die Abkömmlinge je eines Chromosoms des diploiden Ausgangskerns in Achtergruppen, je zwei enger „gepaart"; am Nukleolus die eine der beiden Achtergruppen von SAT-Chromosomen (es ist nur ein Teil des Kerninhalts dargestellt). — Alk.-Eisess., Essigkarm.; nach GRAFL aus GEITLER 1940 c.

Fall typischer Chromozentrenkerne wird sie durch das Heterochromatin stark maskiert; in Chromonemenkernen (die schlecht fixiert „retikulär" aussehen) oder allgemein im Euchromatin bleibt sie unauffällig, weil sich die Chromonemen nicht spiralisieren und keinen auffallenden Matrixzuwachs erfahren. Dennoch läßt sich in günstigen Fällen — grundsätzlich wohl in allen — an geringfügigen Strukturveränderungen erkennen, wann eine Endomitose abläuft (TSCHERMAK-WOESS und HASITSCHKA 1953 a)[28].

Der sichere Nachweis der e. P. läßt sich dadurch führen, daß spontan ablaufende Mitosen analysiert werden oder, was bedeutungsvoller ist, weil spontane Mitosen selten sind, dadurch, daß experimentell Mitosen ausgelöst werden. Dies gelingt in endopolyploiden Kernen wie in diploiden entweder durch Verwundung, wobei die im Wundgewebe auftretenden Mitosen untersucht werden (unabsichtlich schon von WINKLER 1916, planmäßig für den Nachweis der e. P. von GRAFL 1939 angewendet; ferner GEITLER 1940 a, b, LAUBER, JÄHNL, v. WITSCH und FLÜGEL u. a.), und gelingt auch durch Dekapitierung von Wurzeln (D'AMATO 1948 a); sie

[28] Angaben über das Vorkommen mitoseartiger Endomitosen im Antherentapetum erklären sich auf andere Weise (vgl. S. 56).

ist ferner möglich durch Wuchsstoffeinwirkung (Indolyl-Essigsäure, Naphthalin-Essigsäure, Dichlorophenoxy-Essigsäure [2,4-D]) u. a.; LEVAN 1939[29], HUSKINS and STEINITZ 1948 b, D'AMATO 1948 b, D'AMATO e AVANZI, BERGER and WITKUS, DOLCHER 1950, MELETTI). Manche Pflanzen sprechen allerdings aus unbekannten Gründen nicht an, und bei anderen, die auf niedriger Polyploidiestufe reagieren, versagt die Auslösung in höher polyploiden Kernen; vermutlich haben die Zellen eben infolge ihres höheren Alters die Reaktionsfähigkeit verloren. Hochpolyploide Kerne in spezialisierten Zellen konnten bisher überhaupt noch nicht zu Mitosen angeregt werden.

Eigentümlichkeiten der Mitosen in endopolyploiden Kernen. Für Mitosen, die in endopolyploiden Kernen ablaufen, gleichgültig, ob spontan oder induziert, ist bezeichnend, daß in der Prophase die endomitotisch

Abb. 27. Tetraploide und oktoploide postendomitotische Metaphase aus der Wurzelspitze von *Spinacia oleracea* mit „Paarung" der Tochterchromosomen. — 2500fach; nach GENTSCHEFF and GUSTAFSSON.

entstandenen Tochterchromosomen beisammen liegen und oft wenigstens die aus der letzten Endomitose hervorgegangenen engere „Paare" bilden; sie halten am längsten zusammen. Im extremen Fall treten die Chromosomen als Gruppen in diploider Zahl auf, so dann, wenn Verklebung durch Heterochromatin gegeben ist. Das bekannteste Beispiel ist *Sauromatum guttatum*, für welches die e. P. in Ruhekernen, zunächst der Knolle, erstmalig nachgewiesen und richtig verstanden wurde (Abb. 26, GRAFL 1939). Die prophasische Anordnung und besonders die paarweise Lage der zuletzt entstandenen Tochterchromosomen wirkt sich oft noch in der Metaphase aus und führt zu charakteristischen Bildern (Abb. 27). In der Ana- und Telophase wird sie zerstört, sie tritt also nicht mehr in der nächsten oder einer späteren auf die letzte Endomitose folgenden Mitose auf.

Die Ursache der „Paarung" und Gruppenbildung kann, wie erwähnt, in heterochromatischer Verklebung liegen. Sie liegt aber auch darin, daß relational coiling gegeben ist und daß vor allem ein festerer Zusammenhalt am Centromer besteht: offenbar nimmt das Centromer an der Endomitose nicht oder verspätet teil, wodurch Diplochromosomen auftreten, d. h. Chromosomen mit einem ungeteilten Centromer, aber vier statt zwei Chromatiden (LEVAN 1939, BERGER and WITKUS 1946, D'AMATO 1948, HUS-

[29] Die ursprüngliche Auffassung LEVANS und anderer (DERMEN), derzufolge die Polyploidie durch die Wuchsstoffbehandlung erst ausgelöst werden sollte, ist eindeutig widerlegt.

kins and Steinitz 1948, Dolcher 1949, Tschermak-Woess und Doležal; Abb. 28 a, b); oder, wenn der Zusammenhalt mehr als einen Endomitosezyklus überdauert, ein ungeteiltes vierwertiges Centromer vier Chromosomen mit acht Chromatiden zusammenhält, wodurch Quadruplochromosomen zustande kommen (d'Amato e Avanzi, Avanzi 1951, Dolcher 1950, d'Amato 1952, Tschermak-Woess und Fenzl). Höhere Grade sind nicht sicher bekannt (wahrscheinlich ist der centromerische Zusammenhalt von acht Chromosomen in 16ploiden Kernen für *Kniphofia* gemacht; Tschermak-Woess und Fenzl). Die optische Unterscheidung, ob wirklich Zusammenhalt am Centromer und nicht nur enges relational coiling vorliegt, ist allerdings oft sehr schwierig, in frühen Prophasen meist unmöglich. Früheste Prophasen sind noch nicht analysiert worden, so daß sich nicht sagen läßt, ob in Fällen, wo kein centromerischer Zusammenhalt erkennbar ist (vgl. Holzer), im Ruhekern keiner bestanden hat oder er nur frühzeitig gelöst wurde. Tatsächlich zeigt die Beobachtung späterer Prophasen, daß der Zusammenhalt zu verschiedenen Zeitpunkten gelöst werden kann. Beträchtliche Schwankungen kommen beim gleichen Objekt vor. So fand Coleman in der Wurzel von *Allium cepa,* in der wiederholt Diplochromosomen beobachtet wurden, nur getrennt liegende Centromeren, Therman teils Diplochromosomen, teils einfache. Nach d'Amato 1950, 1952 können in der gleichen Wurzel z. B. in oktoploiden Metaphasen auftreten: Quadruplochromosomen in diploider Anzahl, oder lockere Vierergruppen in diploider Zahl, oder Diplochromosomen in tetraploider Zahl, oder gemischt Diplochromosomen und Vierergruppen, oder auch einzelne Chromosomen in oktoploider Zahl.

Abb. 28 a. Diplochromosomen in induzierten Mitosen endotetraploider Kerne der *Allium*-Wurzel: späte Prophase und Metaphase; die Schwesterchromatiden sind, abgesehen vom Centromer, weitgehend getrennt. — 3200fach; nach Levan 1939.

Die Frage, ob bei den Angiospermen die Tochterchromosomen im Ruhekern auch frei liegen können, wie bei vielen Tieren, ist somit noch nicht sicher beantwortet. Nach den bisherigen Beobachtungen bestehen beide Möglichkeiten: die Tochterchromosomen liegen zur Gänze frei oder sie halten am Centromer zusammen. Möglicherweise kommt es dabei darauf an, wie lange vorher die letzte Endomitose abgelaufen ist: alle Diplo- und Quadruplochromosomen wurden in relativ jungen Geweben beobachtet, in denen die Endomitosen nicht weit zurückliegen können. Aber sogar in solchen jungen Geweben kann eine vollständige Trennung erfolgen, wenn man als Anzeichen hiefür die Trennung der Tochterchromozentren in den Wurzeln von Aizoaceen (Wulff 1944), von *Solanum, Salvia, Oxalis* (Tschermak-Woess und Doležal) und von *Rhoeo* ansieht (vgl. weiter unten); vor allem die Verhältnisse bei den Aizoaceen scheinen schwer in anderer Weise deutbar.

Im Euchromatin sind zumindest die Chromosomen*arme* getrennt; denn die Chromonemen erscheinen an Zahl vermehrt (vgl. den Abschn. Strukturanalyse). Im *Heterochromatin* bildet dieses an sich einen Zusammenhalt, wenigstens in der Regel [30]. Dies gilt sowohl für dichtes wie für lockeres Heterochromatin. Im ersten Fall treten im Ruhekern typische kompakte,

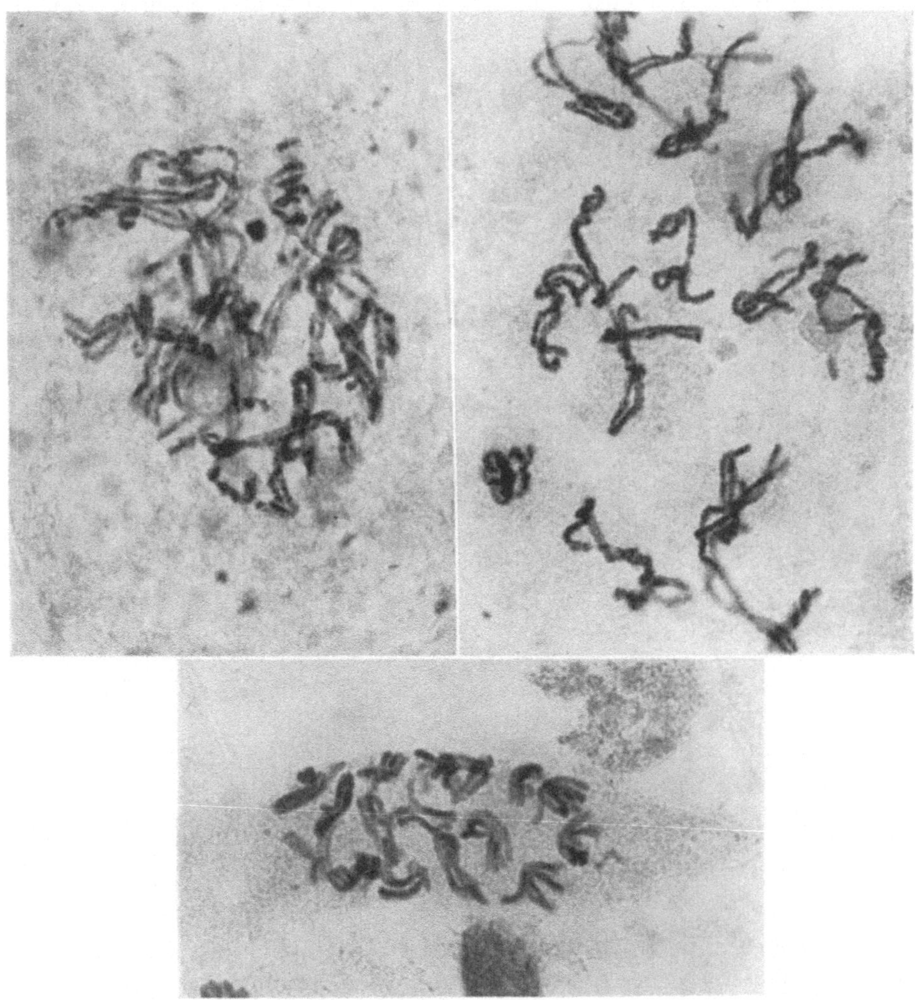

Abb. 28b. Spontane tetraploide Mitosen im Keimling von *Allium cepa* mit Diplochromosomen in der mittleren und späten Prophase und in der Prometaphase. — Essigorceïn-Quetschpräparate, ca. 900fach; nach BERGER und WITKUS 1946.

[30] Ein heterochromatischer Zusammenhalt könnte allerdings auch bei *euchromatischen* Chromosomen gegeben sein, wenn man das extrem schwer angreifbare proximale Heterochromatin in Rechnung setzt, das LEVAN (1946) mit besonderer Methodik nachgewiesen hat. Da es unmittelbar mit dem Centromer in Verbindung steht, könnte es überhaupt die Ursache eines nur vorgetäuschten Zusammenhalts am Centromer sein. Bei den Orthopteren (*Psophus*), wo dieses Heterochromatin ebenfalls vorkommt, wirkt es aber *nicht* zusammenhaltend (S. 18).

homogene (bzw. vakuolisierte) Chromozentren auf, die sich während der e. P. vergrößern, aber an Zahl nicht zunehmen (GRAFL 1939 für die Trabanten von *Sauromatum*, GEITLER 1941, HOLZER für *Sorghum*, CARNIEL, RESCH, TSCHERMAK-WOESS und DOLEŽAL, TSCHERMAK-WOESS und HASITSCHKA); sie werden dabei zu vielwertigen Endochromozentren, die gleich aussehen, aber nicht identisch sind mit den in diploiden Kernen von In-

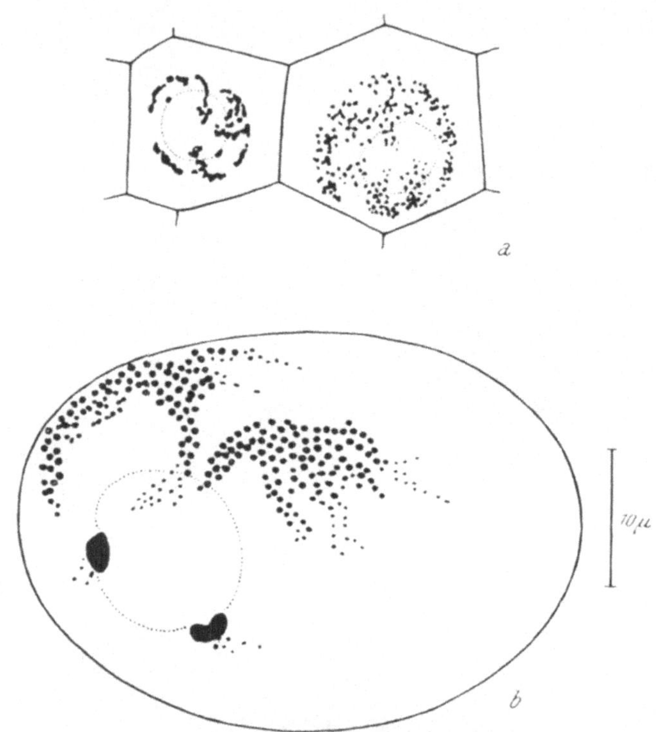

Abb. 29. *Sauromatum guttatum*. *a* späte Telophase und diploider Ruhekern aus der Wurzelspitze (im Telophasekern sind die beiden Trabanten am Nukleolus sichtbar); *b* 16ploider Kern maximaler Größe aus der oberen Epidermis der ausgewachsenen Spatha: dargestellt sind zwei Endo-Sammelchromozentren mit großen Hetero- und kleinen Euchromomeren und der Nukleolus mit den beiden Trabantengruppen. — Alk.-Eisess., Essigkarm.; nach GEITLER 1938 a.

homologen oder auch Homologen gebildeten[31]. Handelt es sich um Kerne mit Prochromosomen, bei denen die Zahl der Chromozentren mit der diploiden Chromosomenzahl übereinstimmt, so treten auch die Endochromozentren in diploider Zahl auf.

Eine auffallende Ausnahme zeigt sich aber in den Wurzeln von *Rhoeo*: hier wird in tetraploiden Kernen die Zahl der ungefähr gleich groß bleibenden Chromozentren durchschnittlich verdoppelt (HUSKINS and STEINITZ 1948 a) es können hiefür nicht zwischengeschaltete Mitosen verant-

[31] Läuft eine Mitose ab, so zerlegt sie die Endochromozentren in die entsprechende Zahl von Chromozentren; aus dem plötzlichen Auftreten kleiner Chromozentren in hoher Zahl in endopolyploiden Kernen kann man umgekehrt auf den Ablauf der Mitose schließen.

wortlich gemacht werden. Ob dieses Verhalten freilich einen Beweis für die Trennung der Chromosomen im Ruhekern darstellt, ist deshalb fraglich, weil die Chromozentren eines Kerns sehr ungleichwertig sind, d. h. aus distalen und proximalen Abschnitten der Chromosomen hervorgehen und sich auch färberisch verschieden verhalten; es wäre also möglich, daß die Erhöhung der Chromozentrenzahl auf Trennung der Arme mit distalem Heterochromatin beruht [32]. *Rhoeo* bietet aber, obgleich statistisch untersucht, auch andere Gefahren für die Interpretation: so neigen die Chromozentren in bestimmten Geweben zu auffallenden Sammelchromozentrenbildungen (GEITLER 1940 a), und auch in diploiden Kernen kommt man infolge der sehr verschiedenen und z. T. geringen Größe der einfachen Chromozentren oft in die Lage, nicht entscheiden zu können, was noch als Chromozentrum anzusehen ist. — Die Angaben BERGERS (1941 a) über proportional steigende Zahl der Trabanten in endopolyploiden Kernen von *Spinacia* sind bezweifelbar. Wie eine Nachprüfung zeigte, kommen offenbar auch polyploide Kerne mit nur zwei Trabanten vor, außerdem sind die SAT-Chromozentren nicht immer von anderen Chromozentren unterscheidbar. Vielleicht beruht die steigende Zahl in manchen Kernen auch auf dem Ablauf postendomitotischer Mitosen. Dies kann auch für die erhöhte Zahl der Chromozentren in Cruciferen-Kernen (REITBERGER) zutreffen.

Besitzt das Heterochromatin im Ruhekern lockeren, chromomerischen Bau, so läßt sich mit der Zunahme der Größe der Chromozentren eine Vermehrung der Chromomeren unter gleichzeitiger Größenzunahme feststellen. Bei *Sauromatum* bestehen die Trabanten aus extrem dichtem, formwechselträgen Heterochromatin, die übrigen Chromosomenarme aus aufgelockertem Hetero- und aus Euchromatin, die beide in älteren Kernen chromomerisch gegliedert erscheinen; im Euchromatin sind die Chromomeren zarter (Abb. 29) [33]. In der Prophase z. B. eines 16ploiden Kerns entstehen aus den beiden stark vergrößerten, vielwertigen Trabanten samt euchromatischem Abschnitt acht SAT-Chromosomen, aus den Endo- und Sammelchromozentren Gruppen entsprechend vieler Chromosomen, in denen zudem noch „Paarung“ infolge Genähertbleibens der zuletzt entstandenen Tochtercentromeren besteht (Abb. 26; GRAFL 1939). Für die Wurzel sind bis in die Metaphase zusammenhaltende Diplochromosomen nachgewiesen (TSCHERMAK-WOESS und DOLEŽAL); in der Knolle, auf die sich GRAFLS Untersuchungen beziehen, wird der Zusammenhalt am Centromer vielleicht früher gelöst; die letzte Endomitose liegt auch weiter zurück.

Die postendomitotischen Mitosen verlaufen im übrigen mitosemechanisch an sich normal. Treten in ihnen Anomalien und Chromosomenaberrationen auf, so haben sie andere Gründe, beruhen aber keinesfalls auf einem „physiological decay“ der polyploiden Gewebe und schon gar nicht auf

[32] Ähnlich kompliziert liegen die Dinge wohl auch bei *Solanum*, *Salvia* und *Oxalis* (TSCHERMAK-WOESS und DOLEŽAL), die ungleichwertige Chromozentren besitzen, deren Zahl sich erhöht; eine statistische Auswertung wurde nicht durchgeführt.

[33] Über den bemerkenswerten Kernbau vgl. GEITLER 1938 a (die e. P. wurde aber damals noch völlig verkannt, ja geleugnet) sowie GRAFL 1939, 1940.

Inaktivierung bestimmter Gene im Zusammenhang mit der Gewebedifferenzierung, wie THERMAN (1951) annimmt (vgl. dazu HOLZER, D'AMATO 1952, S. 139, TSCHERMAK-WOESS und DOLEŽAL). Die Erscheinung, daß bei *Chenopodium bonus-Henricus* und *Rumex confertus* nur in oktoploiden, nicht in di- und tetraploiden, und bei *Beta vulgaris* nur in 16ploiden, aber nicht in niedriger ploiden Mitosestörungen auftreten (TSCHERMAK-WOESS und DOLEŽAL), muß besondere physiologische Gründe haben; sie hängen aber nicht, wie sich aus allen gegenteiligen Fällen ergibt, mit der e. P. als solcher zusammen.

Vorkommen. Die e. P. erfolgt im allgemeinen nach Erlöschen des Zellteilungswachstums in den sich differenzierenden Zellen mit bereits mitotisch inaktiven Kernen. Dies ergibt sich z. B. für die Knolle von *Sauromatum* daraus, daß die Chromosomen als Gruppen in diploider Anzahl auftreten; es können also keine Mitosen zwischengeschaltet gewesen sein. An Früchten läßt sich unschwer feststellen, daß das Wachstum des Fruchtfleisches ohne Zellteilung allein unter e. P. erfolgt (LAUBER). Bei künstlicher Auslösung von Mitosen in Wurzeln zeigt sich unterhalb des Meristems eine Zone, in der weder Mitosen spontan ablaufen noch Mitosen induziert werden können [34]. In dieser Zone spielt sich die Differenzierung ab. Erst in größerem Abstand vom Meristem treten induzierte Mitosen auf, diese aber nicht etwa in der Längsrichtung nach Polyploidiestufen geordnet, sondern di- bis 16ploide in spitzennahen wie -fernen Abschnitten in gleichbleibender Verteilung. Innerhalb des Dauergewebes unterbleibt also eine Veränderung des Polyploidiegrades; die e. P. muß in der Differenzierungszone abgelaufen sein (HOLZER, D'AMATO 1952, TSCHERMAK-WOESS und DOLEŽAL) [35].

Manchmal ist die e. P. sozusagen vorverschoben und verläuft kombiniert mit den späteren Zellteilungen im Meristem; d. h. bereits endopolyploide Kerne teilen sich noch oder noch sich teilende Zellen werden schon polyploidisiert. Die e. P. spielt sich also z. T. in Interphasekernen ab. Derartige Fälle, in denen somit auch spontane polyploide Mitosen ablaufen, und zwar auf die Endomitose unmittelbar folgende — dann sind die Tochterchromosomen „gepaart" — oder spätere ohne „Paarung", zogen begreiflicherweise zuerst die Aufmerksamkeit auf sich. Das klassische Beispiel ist *Spinacia oleracea,* bei der schon STOMPS (1910) in Wurzelspitzen polyploide Mitosen mit gepaarten Chromosomen beobachtete, mit welcher Erscheinung sich dann weiterhin DE LITARDIÈRE, LANGLET, TUSCHNJAKOWA, WULFF und LORZ (1937) beschäftigten, bis GENTSCHEFF and GUSTAFSSON (1939) sowie BERGER (1941 a) klar erkannten, daß Teilungen der Chromosomen im Ruhekern bzw. Interphasekern zugrunde liegen (Abb. 30) [36]. Das gleiche Verhalten findet sich auch in den Wurzeln anderer Chenopodiaceen (WULFF 1936, WITTE) und mancher anderer Angiospermen (DE LITARDIÈRE 1925, GHIMPU, LANGLET,

---

[34] Ausnahme *Helianthus,* bei dem aber keine e. P. erfolgt (HOLZER).

[35] Hier auch weitere Einzelheiten über Teilungswellen, zeitliche Folge des Ansprechens verschieden hoch polyploider Kerne u. a.; vgl. auch LEVAN 1939, D'AMATO e AVANZI, HUSKINS 1949.

[36] Für *Spinacia turcestanica* vgl. DOLCHER (1949).

Breslawetz, Araratian 1940, Meurman, Ervin, Tjio, Witkus and Berger, Berger and Witkus 1950, Avanzi 1950 a); auch manche sonstige ältere Angaben über das Auftreten von polyploiden Mitosen in Wurzelmeristemen beruhen vermutlich auf e. P., obwohl sie von den Autoren nicht richtig gedeutet werden konnten oder diese Auffassung ausdrücklich abgelehnt wurde (so von de Litardière 1943).

Auch in anderen Organen (Stammscheitel, Blattprimordien — Ervin für *Cucumis melo,* Berger and Witkus 1946 für die Cotyledonen und das Hypokotyl von *Allium cepa* — Abb. 28 *b*) können in die Polyploidisierungsphase Mitosen eingeschaltet sein oder umgekehrt.

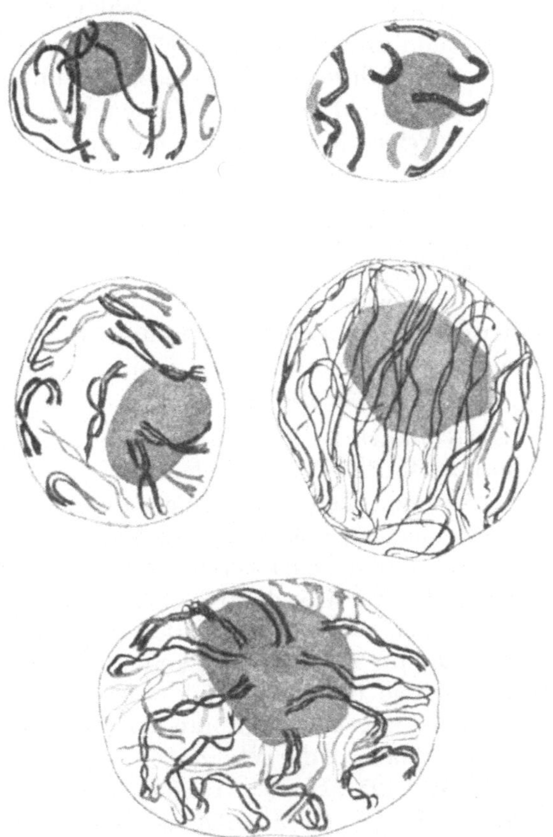

Abb. 30. Postendomitotische Prophase aus der Wurzelspitze von *Spinacia oleracea.* Obere Reihe: mittlere und späte Prophase diploider Kerne; mittlere Reihe: mittlere Prophase eines tetraploiden und frühe Prophase eines oktoploiden Kerns; unten: mittlere Prophase eines oktoploiden Kerns; die zuletzt entstandenen Tochterchromosomen „gepaart". — 2500fach, nach Gentscheff und Gustafsson.

Eigenartig verhält sich das Mesophyll der Laubblätter von *Kalanchoë Blossfeldiana* (v. Witsch und Flügel). Im normalen Kurztag gezogen — *K. B.* ist eine typische Kurztagspflanze —, erfahren die Blätter eine starke Sukkulenzzunahme, die bei Kultur unter Langtagbedingungen unterbleibt. Die Sukkulenzsteigerung beruht nicht auf vermehrten Zellteilungen in Richtung des Blattquerschnitts, sondern auf Vergrößerung der Mesophyllzellen und ihrer Kerne, und diese erfolgt unter zusätzlicher e. P. Die Meristeme der Blattanlagen sind zunächst diploid, es treten dann tetra- und später oktoploide Zellen auf; zwischen die Endomitosen sind offenbar Mitosen eingeschaltet, da die Zellenzahl zunimmt. Doch wurden spontan nur tetraploide Mitosen beobachtet, die höheren Polyploidiegrade wurden in durch Verwundung ausgelösten Mitosen festgestellt. Mit der Oktoploidie hat es im Langtag sein Bewenden. Im normalen Kurztag werden dagegen die Mesophyllzellen 16- und 32ploid; diese beiden letzten Endomitoseschritte erfolgen wohl n a c h dem Erlöschen der Zellteilungen. Dies gilt zumindest für Blätter, die im Langtag gewachsen waren und nach Abschluß des meristematischen Wachstums in den

Kurztag gebracht wurden. Ob vom Beginn an im Kurztag wachsende Blätter ihre zusätzliche Polyploidisierung von 8- auf 32Ploidie erst nach Erlöschen der Zellteilungen erreichen (was wahrscheinlich ist) oder ob die beiden letzten Endomitosen in das meristematische Wachstum eingeschaltet werden, steht noch nicht fest [37]. Das Weiterlaufen der e. P. erscheint jedenfalls als Folge des Kurztagreizes, und es sieht so aus, als ob die endopolyploiden Kerne zu weiterer e. P. angeregt würden und nun diese die Volumzunahme der Mesophyllzellen hervorriefe; doch ist wohl auch die Vorstellung des umgekehrten kausalen Ablaufs möglich.

Gewöhnlich beginnt die e. P. nicht so früh, sondern wie typisch bei den Tieren erst nach dem Erlöschen des Teilungswachstums. Um Chromosomenzählungen durchführen zu können, müssen Mitosen ausgelöst werden [38]. Naturexperimente sind Fälle, in denen in Dauergeweben der Wurzel durch den Reiz, den das Durchbrechen der Seitenwurzelanlagen ausübt, Mitosen auftreten (d'Amato e Avanzi, ausführlich Tschermak-Woess und Doležal). Die ursächlichen Zusammenhänge sind dabei nicht klar, denn es kommt kaum ein polar wandernder Wuchsstoff noch kommen Wundhormone in Betracht; eine wesentliche Rolle spielt die Gestalt der Seitenwurzelanlage und die Wachstumsgeschwindigkeit. — Bei Orchideen wirkt der Bestäubungsreiz stimulierend auf die endopolyploiden Kerne der Fruchtknotenwand (Geitler 1940 a).

Die willkürliche Auslösung gelingt, wie erwähnt, nur bis zu Okto- oder manchmal 16-Ploidie; abgesehen vom Mesophyll sukkulenter Blätter, in dem noch 32ploide Zellen auf Verwundung reagieren (Jähnl, Witsch und Flügel) und von der Achse der Cactacee *Cereus*, in der 64ploide Mitosen auslösbar sind (Tschermak-Woess und Fenzl). Manche Pflanzen reagieren überhaupt nicht. Von derartigen Fällen abgesehen, ist die Methodik durchaus geeignet, ein richtiges Bild von der karyologischen Anatomie solcher Organe zu geben, die keine hoch spezialisierten Gewebe oder Zellen enthalten und nicht über 16-Ploidie hinausgehen. Dies gilt einmal für die bisher am eingehendsten untersuchte Wurzel. Es ergibt sich, daß bei manchen Pflanzen die Wurzelgewebe diploid bleiben (d'Amato 1950, 1951, 1952, Avanzi 1951, Holzer, Tschermak-Woess und Doležal) — abgesehen vermutlich mit den Gefäßanlagen (Němec). Bei anderen ergibt sich ein gemischt diploid-polyploider Aufbau, also Polysomatie. Doch herrscht in Wurzelrinde und Mark keineswegs völlige Willkür in der Verteilung der di-, tetra-, manchmal auch okto- und seltener 16ploiden Zellen, was sich bis zu einem gewissen Grad schon aus dem Bild ergibt, das die Zellwandanatomie

[37] Herrn Prof. H. v. Witsch danke ich auch an dieser Stelle für briefliche Mitteilungen über diesen Gegenstand.

[38] Vereinzelt treten in alten Dauergeweben auch spontan (oder scheinbar spontan) Mitosen auf (Tschermak-Woess und Doležal). — In den mehrzelligen Haaren von *Cucurbita*, die 128-ploid werden, können im tetraploiden Zustand noch spontane Mitosen ablaufen (Tschermak-Woess und Hasitschka 1953 a); spontan treten vereinzelte tetraploide Mitosen auch zu Beginn der e. P. der Trichozyten von *Trianea* auf (Geitler 1940 b).

vermittelt. Die Anordnungen sind dabei artspezifisch und lassen, nicht unerwartet, auch eine gewisse systematische Bindung erkennen. Perizykel und Epidermis bleiben — abgesehen von spezialisierten Zellen wie Trichozyten — meist diploid, oft auch die Endodermis; in der Rinde finden sich di-, tetra-, okto- und mitunter auch 16ploide Zellen, und zwar meistens in radialer Richtung angeordnet derart, daß in bestimmten Schichten eine bestimmte Polyploidiestufe vorherrscht; bei *Lolium pratense* sind die mittleren Zellschichten rein tetraploid (TSCHERMAK-WOESS und DOLEŽAL). Im allgemeinen ist nicht eine bestimmte Polyploidiestufe, sondern das Verteilungsbild in verschiedenen Zonen des Querschnitts charakteristisch. Das gleiche gilt für das Mark, das allerdings einheitlicher aufgebaut erscheint und oft rein tetraploid ist (LEVAN 1944, HUSKINS and STEINITZ 1948 b, D'AMATO 1948 a, 1951, 1052, D'AMATO e AVANZI, DOLCHER 1950, AVANZI 1951, HOLZER, TSCHERMAK-WOESS und DOLEŽAL; auch TJIO).

Im Stamm tritt e. P. in der Ausbildung von Polysomatie ähnlich wie in der Wurzel auf (nachgewiesen an Keimlingen und erwachsenen Pflanzen; abgesehen von älteren in der Deutung überholten Angaben — WINKLER, GREENLEAF, BEAL, ERVIN, DERMEN — vgl. GRAFL 1939, 1940, BERGER and WITKUS 1946, COLEMAN, DOLCHER 1950, MELETTI, RESCH, TSCHERMAK-WOESS und FENZL). Im Stamm von *Vicia faba* besteht nach COLEMAN ein Unterschied zwischen Knoten und Internodien: im Mark steigt die Zahl der ausgelösten polyploiden Mitosen (tetra-, selten oktoploid) von den Knoten bis zur Mitte deutlich an; in der Rinde ist der Unterschied weniger ausgeprägt. Bei *Cereus* sp. lassen sich im Grundgewebe durch Verwundung 64ploide Kerne nachweisen (TSCHERMAK-WOESS und FENZL).

Für Blattgewebe wurde e. P. zunächst bei *Sauromatum* nachgewiesen (GRAFL). Bei *Rhoeo* wird das Wassergewebe vorwiegend tetraploid (GEITLER 1940 a, b). Das Mesophyll sukkulenter Laubblätter von *Gasteria, Haworthia* und vermutlich *Kleinia* wird mindestens oktoploid, von *Bryophyllum* (JÄHNL) und *Kalanchoë* im normalen Kurztag (v. WITSCH und FLÜGEL) 32ploid. Aus der Chromozentrenzahl und aus allgemeinen Gründen zu vermuten ist e. P. auch für die Wassergewebe der Aizoaceen (WULFF 1944).

Von anderen Organen wurde durch Mitoseauslösung bisher geprüft die Fruchtknotenwand von *Epidendrum* (GEITLER 1940 a, b) und das Fruchtfleisch saftiger Früchte (GEITLER und LAUBER, LAUBER). Abgesehen von den anatomisch wenig differenzierten Früchten von *Polygonatum*, deren Fruchtfleisch diploid mit eingestreuten tetraploiden Zellen bleibt, besteht es sonst aus tetra- bis 16ploiden Zellen, wobei die Polyploidie von außen nach innen zunimmt; die Epidermis behält am längsten das Zellwachstum bei. Den Hauptanteil des Fruchtwachstums bestreitet das Zellvergrößerungswachstum unter e. P.

Weitere Organe oder Zellen mit spezialisierten Funktionen und höherer Polyploidie sind einer Mitoseauslösung mit den bisher bekannten Methoden unzugänglich. Die Aufklärung ihres Baues kann allein durch die Analyse der Kernstruktur unternommen werden.

Strukturanalyse. Hochgradige Polyploidie vermutete schon ROSENBERG für den Riesenkern des Suspensorhaustoriums von *Capsella,* in dem die Chromozentren, ohne an Zahl zuzunehmen, beträchtlich heranwachsen. Hochpolyploid ist offenbar auch der Kern des Endospermhaustoriums von *Arum maculatum* (JACOBSEN-PALEY), der ungefähr das 1500fache Volumen der Endospermkerne erreicht; durch den Strukturvergleich mit den Kernen von *Sauromatum* läßt er sich als endopolyploid und nicht etwa auf andere Weise vergrößert ansprechen (GRAFL 1940, S. 113). Eine eingehendere Strukturanalyse ist im Fall der Kerne des Suspensorhaustoriums von *Lupinus* möglich (Abb. 31, 32; GEITLER 1941). Diese Kerne enthalten durchschnittlich gleich viele Chromozentren wie embryonale diploide Kerne, doch sind die Chromozentren stark vergrößert und jedes stellt offenbar eine Gruppe endomitotischer Tochterchromonemen dar, die mit ihrem proximalen Heterochromatin verklebt sind, während die euchromatischen Enden sternförmig ausstrahlend heraushängen. Die dem Nukleolus anliegenden SAT-Endochromozentren erscheinen in die homogen zusammengeflossenen Tochtertrabanten und in einen kleineren locker-heterochromatischen sowie einen größeren euchromatischen Abschnitt gegliedert (Abb. 32). Die erwachsenen Kerne sind schätzungsweise 32- oder 64ploid. — Hoch endopolyploid sind offenbar auch die Kerne des Suspensorhaustoriums von *Gagea lutea,* deren Struktur allerdings sehr eigenartig und nicht eindeutig analysierbar ist (GEITLER 1948 a).

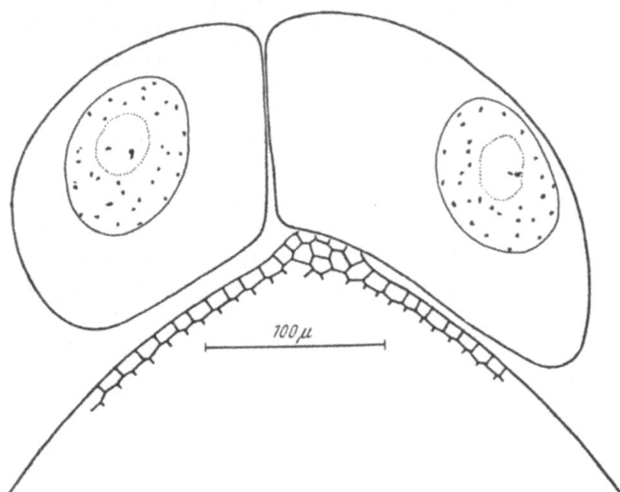

Abb. 31. *Lupinus polyphyllus.* Oberer Teil eines älteren Embryos mit Suspensorzellen; Zellnetz des Embryos z. T. eingezeichnet; beachte den Größenunterschied gegenüber den Suspensorzellen. — Alk.-Eisess., Essigkarm.; nach GEITLER 1941.

Alle diese Kerne wachsen nach ihrer Ausgliederung ohne Teilungen durchzumachen heran. Das gleiche gilt für Elaiosome. Bei *Corydalis* (GEITLER 1944 b), ähnlich bei *Gagea* (GEITLER 1948 a), in deren Kernen Heterochromatin und daher Chromozentrenbildung stark zurücktritt, zeigt der Vergleich der euchromatischen Strukturelemente, d. h. der entspiralisierten, undeutlich chromomerisch gegliederten Chromonemen bzw. ihrer optischen Querschnitte in diploiden und vergrößerten endopolyploiden Kernen, daß sich ihre Zahl, nicht aber ihre Dicke und ihre Dichte in der Flächeneinheit ändert, und zwar zunimmt (Abb. 33). Dies bedeutet, daß die Zahl der Chromosomen im entspiralisierten Zustand zunimmt, nicht aber

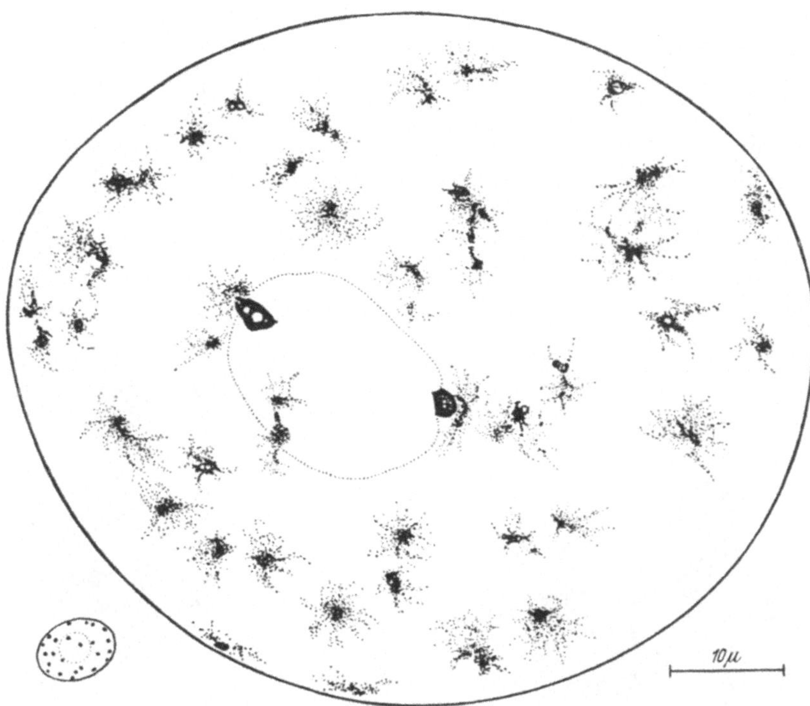

Abb. 32. *Lupinus polyphyllus*. Diploider Kern aus einer Epidermiszelle eines älteren Embryos mit Nukleolus und Chromozentren, und größter, wahrscheinlich 64ploider Kern eines alten Suspensors; am Nukleolus die beiden SAT-Endochromozentren, im übrigen Kernraum Endochromozentren mit heterochromatischem Mittelstück. — Alk.-Eisess., Essigkarm., Quetschpräp.; nach GEITLER 1941.

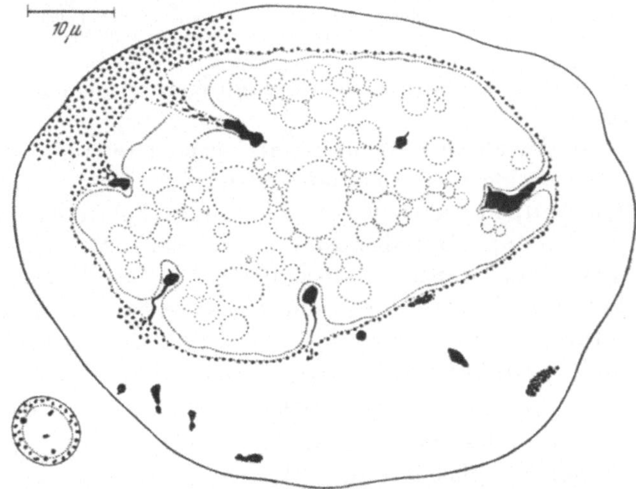

Abb. 33. *Corydalis cava*. Links diploider Kern mit Nukleolus, fünf Chromozentren und Chromonemenquerschnitten; rechts Kern maximaler Größe aus dem Elaiosom: Heterochromatin z. T. in Buchten des vakuolisierten Nukleolus, Chromonemenstruktur nur teilweise (links oben) dargestellt. — Alk.-Eisess., Essigkarm.; nach GEITLER 1944 b.

die Chromosomen selbst wachsen oder die Kernvergrößerung auf Vermehrung extrachromosomaler Substanzen beruht (vgl. dazu die Überlegungen BERGERS für *Culex*, S. 31, Fußn. 20). Theoretisch bestünde allerdings noch eine andere Erklärungsmöglichkeit: es könnten die endomitotischen Chromonemen beisammenbleiben, also ein polytänes Bündel bilden, und sich dabei exzessiv, etwa auch im submikroskopischen Bereich, entspiralisieren und dabei an Länge gerade soviel zunehmen, aber an Gesamtdicke gerade soviel verlieren, daß das gleiche Strukturbild wie im Fall einwertiger Chromonemen im diploiden Kern — in der gleichen Flächeneinheit — zustande käme. Es wäre dann freilich zu erwarten, daß ein besonders ausgeprägter Chromomerenbau in Erscheinung träte, was nicht der Fall ist. Da kein stichhältiger Grund für diese an sich unwahrscheinliche Annahme vorhanden ist, erscheint es überflüssig, sie näher in Betracht zu ziehen. Eine andere Frage ist es, ob nicht die Tochterchromonemen an ihren Centromeren zusammenhalten und nur die Arme frei sind. Eine unmittelbare Entscheidung ist — zunächst wenigstens — nicht möglich, doch werden solche Gedankengänge durch das Auftreten von Diplo- und Quadruplochromosomen in

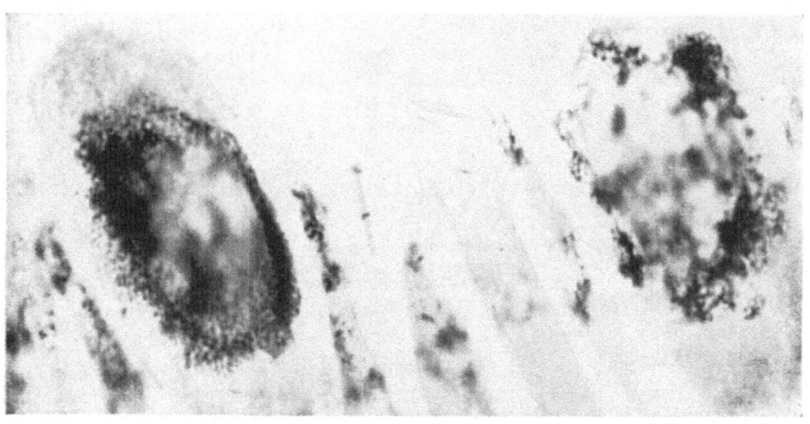

Abb. 34. *Trianea bogotensis.* Ausschnitt aus dem Dermatogen mit zwei Trichozyten in einiger Entfernung von der Wurzelspitze: links ein Kern mit endomitotischer Teilungsstruktur, rechts mit Ruhestruktur; zwischen beiden sind, z. T. unscharf eingestellt, die Kerne der gewöhnlichen schmalen Dermatogenzellen sichtbar. — Alk.-Eisess., Essigkarm., venet. Terpentin; Photo, etwa 2000fach; nach Geitler 1941. (Vgl. auch Abb. 43.)

postendomitotisch teilungsfähigen Kernen bis zu einem gewissen Grad nahegelegt[39].

In der gleichen Weise — als vermehrte entspiralisierte Chromonemen — zu deutende euchromatische Strukturen liegen wohl auch in manchen großen Antipodenkernen vor (Jachimsky). Solche Kerne dürfen allerdings nicht mit den durch Spindelfusion entstandenen polyploiden Antipodenkernen verwechselt werden (Grafl 1941). Für die Richtigkeit der Strukturdeutung in vorwiegend euchromatischen endopolyploiden Chromonemenkernen spricht aber gerade die Gleichartigkeit des Strukturbildes in haploiden, diploiden, polyploiden (z. B. im Endosperm) Kernen einerseits und endopolyploiden andererseits.

Am weitesten läßt sich die Strukturanalyse in den stark vergrößerten Kernen der plasmareichen Wurzelhaarinitialen (Trichozyten), vor allem der

[39] In diesem Sinn ist wohl die Meinung Huskins' zu verstehen, daß ein wesentlicher Unterschied zwischen Polyploidie und Polytänie nicht besteht. Der Ausdruck „polytän" bleibt aber jedenfalls besser der Bündelung bei den Dipteren vorbehalten. Am Centromer verspätet sich trennende Chromosomen sind deshalb noch nicht polytän oder polymer. — Davon abgesehen ist es noch nicht erwiesen, daß ein Zusammenhalt am Centromer immer besteht (vgl. S. 42).

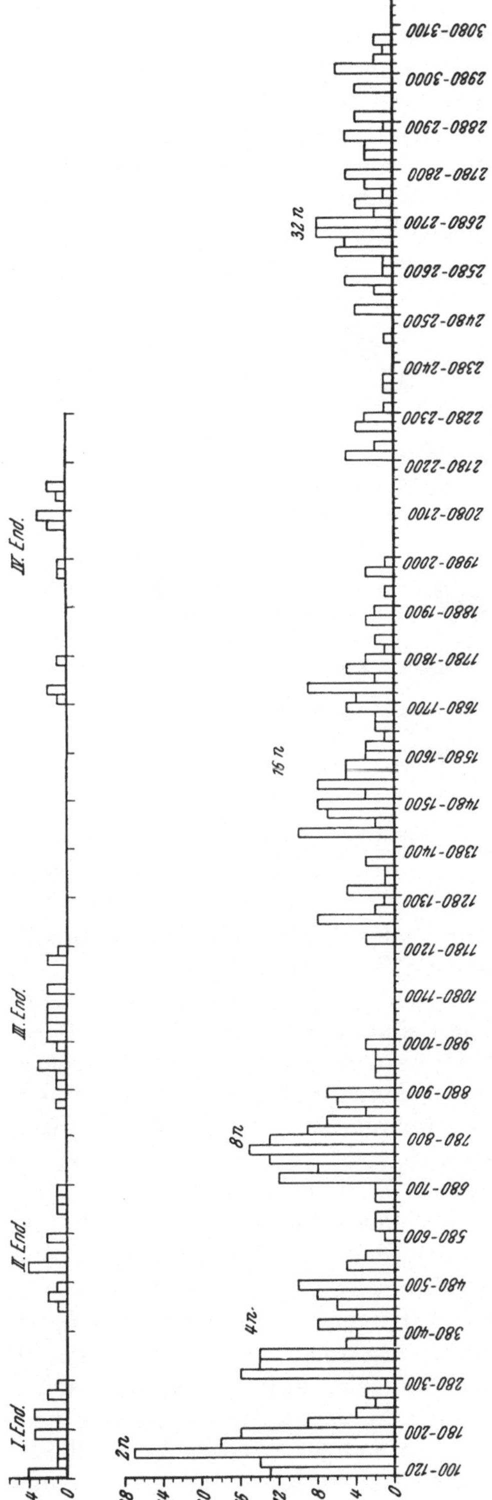

Abb. 35. Graphische Darstellung des endomitotischen Kernwachstums in den Trichozyten von *Trianea bogotensis*. Volumina der Ruhekerne (unten) und der Kerne mit endomitotischer Teilungsstruktur (oben; vgl. Abb. 34) aus fünf Wurzeln; Volumina in Einheiten von 12,5 μ^3 und Klassen zu 20 Einheiten auf der Abszisse, Anzahl der Kerne auf der Ordinate. — Nach Tschermak-Woess und Hasitschka 1953a; hier die Zahlenwerte für die statistische Sicherung (t—Test).

Helobiae, und in manchen großen Trichomen treiben. Auch diese Zellen wachsen, ohne sich zu teilen, wobei die feulgenpositiven Strukturen stark an Menge zunehmen, wie schon Milovidov für die Trichozytenkerne von *Trianea* festgestellt hat. Bei *Trianea bogotensis* (*Hydromistria stolonifer*) treten im Kern während seines Wachstums Chromonemen auf, die, leicht heterochromatisch verklebt, unregelmäßig umgrenzte Areale einnehmen und deren Gesamtheit als besonders locker gebaute Chromozentren bzw. Sammelchromozentren und in älteren Kernen als Endochromozentren bezeichnet werden kann. Die Zahl der Strukturelemente nimmt wieder zu, die Zahl der Chromozentren bleibt gleich. Am Anfang ihrer Entwicklung stehende Kerne gehen ausnahmsweise Mitosen ein, die sich als tetraploid erweisen (Geitler 1940 b, 1941). Für die ausgewachsenen Kerne läßt sich durch Extrapolation, Strukturanalyse und Volumvergleich auf 32-Ploidie schließen. Am Ende der Entwicklung erreichte höhere Größenwerte beruhen, wie in allen analogen Fällen, offensichtlich auf Kernsaftvermehrung, die mit der Zellsaftbildung in der alternden Zelle einhergeht. Grundsätzlich gleich verhalten sich die Trichozytenkerne von

Hydrocharis und *Stratiotes* und mit Einschränkung die von *Elodea* und *Valisneria* (GEITLER 1948 a, TSCHERMAK-WOESS und HASITSCHKA).

Bemerkenswerterweise findet man bei *Trianea* vereinzelt heranwachsende Trichozytenkerne, die gegenüber der gewöhnlichen, mehr grobscholligen, ungeordneten Struktur einen auffallend gleichmäßigen, fein„körnigen" Bau zeigen, welcher an „Zerstäubungsstadien" mancher Prophasen erinnert und sich als sichtbarer Ausdruck einer eben ablaufenden Endomitose auffassen läßt (Abb. 34; GEITLER 1941; analoge Beobachtungen auch für die Raphidenzellen von *Sauromatum* und die Trichozyten von *Hydrocharis* bei GEITLER

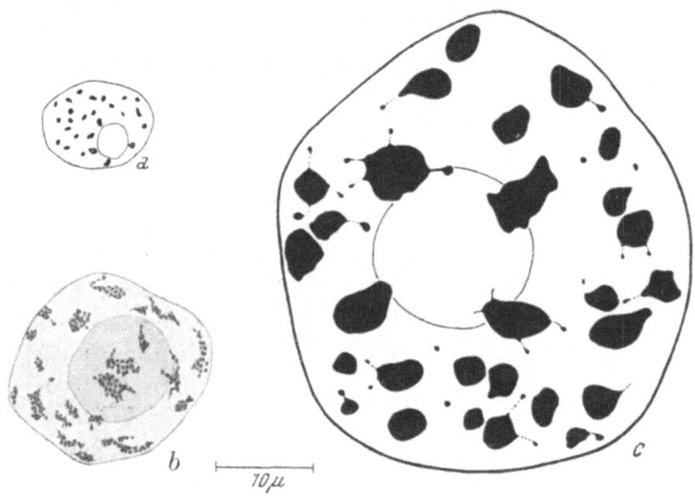

Abb. 36. *Cucurbita pepo*, endomitotisches Wachstum der Chromozentrenkerne in den Trichomen der Korolle. *a* diploider Ausgangskern, *b* oktoploider Kern mit Teilungsstruktur (Auflockerung der Chromozentren), *c* ausgewachsener 128ploider Kern. — Carnoy, Essigkarm.; nach TSCHERMAK-WOESS und HASITSCHKA 1953 a.

1948 a). Daß es sich wirklich um eine, oder besser die endomitotische Teilungsstruktur handelt, wird durch die Tatsache bewiesen, daß diese Struktur rhythmisch wiederkehrt, und zwar während der Gesamtentwicklung viermal, und daß sie mit einer rhythmischen Volumzunahme des Kerns gesetzmäßig verbunden ist (Abb. 35, TSCHERMAK-WOESS und HASITSCHKA 1953 a). Dies bedeutet, daß die Endomitose auch bei den Angiospermen mit einem erkennbaren, wenn auch geringfügigen chromosomalen Formwechsel verbunden ist.

Diese endomitotische Teilungsstruktur läßt sich auch in typischen Chromozentrenkernen mit dichtem Heterochromatin an einer charakteristischen Auflockerung oder Zerstäubung der Endochromozentren erkennen (Abb. 36, 37, TSCHERMAK-WOESS und HASITSCHKA 1953 a für Trichome von *Cucurbita, Sinapis, Urtica* u. a.). Das Auftreten der Teilungsstruktur ist auch hier mit rhythmischen Kernwachstum gesetzmäßig korreliert (vgl. auch Tabelle 1, S. 63). Für *Cucurbita pepo* läßt sich auf Grund der sechsmaligen Wiederkehr der Teilungsstruktur in verschiedenen Kerngrößenklassen 128-Ploidie, für *Sinapis alba* bei fünfmaliger Wiederkehr 64-Ploidie feststellen, usw. Die Brennhaare von *Urtica pilulifera* und *caudata* sind so gut wie sicher 256ploid; es konnte allerdings nicht der gesamte endomitotische Formwechsel lückenlos verfolgt werden. Es ist damit eine Methode gefunden, den Polyploidiegrad in Fällen nachzuweisen, in denen andere Methoden ausscheiden. Die Polyploidiewerte für *Cucurbita* und *Sinapis* und die in den Trichomen anderer Pflanzen gefundenen sind gleichzeitig die höchsten bisher sicher nachgewiesenen. Die eingehende Untersuchung einer großen Zahl weiterer Pflanzen auf Grund genauer Struktur-

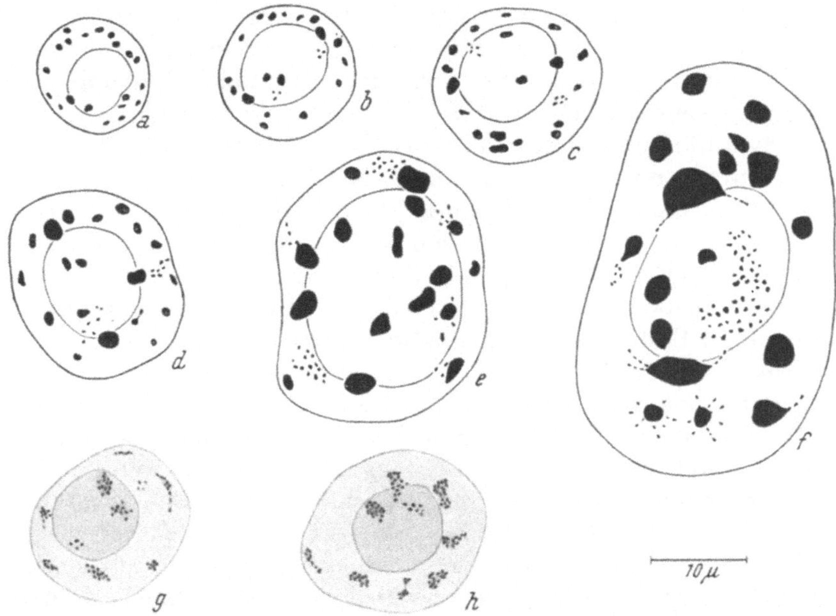

Abb. 37. *Sinapis alba*, endomitotisches Wachstum der Kerne in Trichomen junger Laubblätter. *a—f* Ruhekerne (2*n*, 4*n*, 8*n*, 16*n*, 32*n*, 64*n*); *g*, *h* endomitotische Teilungsstruktur in einem tetra- bzw. oktoploiden Kern; Endochromozentren der Ruhekerne vorwiegend aus kompaktem Heterochromatin, bestimmte in den vergrößerten Kernen in kleine Einzelchromozentren zerlegt. — Carnoy, Essigkarm.; nach TSCHERMAK-WOESS und HASITSCHKA 1953 a.

analyse, verbunden mit exakten Messungen der Kernvolumina zeigt die weite Verbreitung der Erscheinung (TSCHERMAK-WOESS und HASITSCHKA 1953 b)[40].

Auf Grund dieser Ergebnisse erscheint nunmehr auch die e. P. in anderen ähnlichen Fällen gesichert, so für die Fruchtknotenhaare von *Mercurialis*, in deren Riesenkernen die Chromozentren, ohne an Zahl zuzunehmen, wachsen (YAMPOLSKY), für die Trichome von *Physaria* (JAKOWSKA), für die eingangs erwähnten Haustorienkerne und für die Köpfchenzellen der Drüsenhaare von *Achillea*, die WEBER und DEUFEL als tetraploid ansehen.

Besondere, aber im einzelnen noch nicht aufgeklärte Verhältnisse herrschen in manchen Endospermen (*Scilla*, *Gagea* — GEITLER 1948 a, *Zea* — DUNCAN und ROSS, *Echinocystis* — SCOTT 1944). Bei *Zea* scheinen polytäne Chromosomenkomplexe vorzuliegen; doch kann es sich auch um bloße Ver-

[40] 64-Ploidie wurde sonst nur in der Achse einer Cactacee nachgewiesen (TSCHERMAK-WOESS und FENZL).

klebung im Heterochromatin der „knobs“ handeln: die Tatsache, daß in den herangewachsenen Kernen die Zahl der knobs gleich bleibt und wie im triploiden Ausgangskern sechs beträgt (zweimal drei), ist deshalb im Gegensatz zu der Auffassung der Autoren nicht beweisend. — Nicht aufgeklärt sind auch die Strukturen in manchen vergrößerten Embryosäcken, in denen scheinbar Prophasen mit „Riesenchromosomen“ auftreten, so in den Synergiden alter, unbefruchteter Embryosäcke von *Allium nutans* (HÅKANSSON, S. 160, 161) und in den Antipoden von *Papaver*-Arten. Das gleiche gilt für die Angaben SCOTTS (1940, 1943) über Riesenkerne in Gefäßanlagen von *Ricinus* und *Cucurbita* sowie in verschiedenen Geweben von *Cucurbita* und *Echinocystis*; die Annahme von Endopolyploidie ist sehr naheliegend, — die Variation der Kernvolumina ergibt auch mehrgipfelige Kurven; doch dürfte in diesen Fällen Hydration bedeutend mitspielen.

Antherentapetum. Im Tapetum herrschen auf den ersten Blick hin sehr unübersichtliche und z. T. tatsächlich komplizierte Verhältnisse. Wie seit langem bekannt, treten im mehrkernigen Tapetum, das den meisten Angiospermen eigentümlich ist, polyploide Kerne auf. Nach der Auffassung von WITKUS 1945, BROWN, FAVARGER, AVANZI 1950, BERGER, WITKUS und JOSEPH laufen bei ihrer Bildung Endomitosen ab, und zwar Endomitosen mit einem Formwechsel, der dem der Heteropteren nicht nachsteht, ja ihn insofern noch übertrifft, als die Chromosomen Überkontraktion gegenüber normalen Metaphasen zeigen. Es handelt sich aber, wie schon aus der Schilderung der Autoren hervorgeht — es treten Spindeln auf, wenn auch z. T. defekte und rudimentäre — und aus allgemeinen Gründen folgt (GEITLER 1948b, 1949, S. 6; 1951, S. 18; 1952, S. 8), nicht um Endomitosen, sondern um gehemmte Mitosen, die zu verschiedenartigen Restitutionskernen führen und unter Hemmung an verschiedenen Zeitpunkten, Spindelverschmelzungen und zusätzlichen Komplikationen zu einem sehr bunten, z. T. fast chaotischem karyologischen Bild führen, in dem auch Polyploidie und prophasische Chromosomen„paarung“ auftreten (vgl. auch GARRIGUES). Der Beweis wird durch eingehende Untersuchungen CARNIELS und MECHELKES erbracht (vgl. die ausführlichen kritischen Bemerkungen beider Autoren, im übrigen auch BATTAGLIA 1949 und GEITLER 1948b). Die verschiedenen Grade der Zellteilungs- und Mitosestörungen, die für das mehrkernige Tapetum kennzeichnend sind, bringt MECHELKE in ein klares System. Die Endomitose läßt sich zwar metaphorisch als „gehemmte Mitose“ betrachten; im mehrkernigen Tapetum handelt es sich aber um verfolgbare abgeänderte Zellteilungen und um Abänderungen von Mitosen im Zuge von Entwicklungsabläufen, die mit normalen Mitosen beginnen. Die prophasische Paarung, die sonst als Anzeichen stattgefundener Endomitosen dienen kann, kommt in diesem Fall dadurch zustande, daß in eine späte Prophase ein Interphasestadium eingeschaltet wird (CARNIEL), worauf in der nächsten Mitose die Chromatiden „gepaart“ auftreten, oder dadurch, daß dieselbe Mitose colchizinmitosenartig weiterläuft (MECHELKE). Die an einer großen Zahl von Pflanzen gewonnenen Störungsbilder der Mitosen bilden eine gleitende Reihe von normalen Mitosen über telophasisch bis zu prophasisch gehemmten Mitosen (CARNIEL); letztere ähneln — formal und nicht vergleichend morphologisch betrachtet — begreiflicherweise „Endomitosen". Vielfach bezeichnend ist Überkontraktion der Chromosomen, die auch in C-Mitosen vorkommt und das Zeichen der Störung des richtigen zeitlichen Zusammenspiels von Spiralisierung und Spindelaktivität ist (CARNIEL, MECHELKE)[41].

Im Unterschied zum mehrkernigen laufen dagegen im einkernigen Tapetum gewisser Angiospermen, dem man äußerlich keine Teilung ansieht, offenbar Endomitosen ab; sie lassen sich aus dem rhythmischen Kernwachstum, das zwei- und dreigipfelige Kurven ergibt, in Verbindung mit der Strukturanalyse unschwer ablesen (CARNIEL). Die Endomitose selbst ist in einem Fall (*Lupinus*) sicher nachgewiesen (CARNIEL unveröff.), die Endopolyploidie dieser Tapetumkerne ergibt sich aber bereits eindeutig aus ihrem Bau.

Tumoren, Wurzelknöllchen. Wie im Fall der tierischen Geschwülste ist es auf Grund der vorhandenen älteren Angaben kaum möglich, sicher zu entscheiden, wieweit es sich beim Auftreten polyploider Kerne und pro- und metaphasischer Chromosomen„paarungen" um Folgen von e. P. oder um Mitoseanomalien handelt. Das Verhalten im Tapetum zeigt ja, daß Paarung von Tochterchromosomen kein untrügliches Anzeichen von e. P. ist. Lehrreich sind in dieser Hinsicht die hochpolyploiden Mitosen mit Tochterchromosomen„paarung" — allerdings auch Vierergruppenbildung — in den krebsigen Radiomorphosen von *Antirrhinum* und bei Petunien (STEIN); es liegen ihnen, vielleicht neben Endomitosen, vor allem Spindelstörungen zugrunde (MECHELKE). Das Verhalten ist vielfach ähnlich wie im mehrkernigen Tapetum; so erfolgt auch Hyperkontraktion der Chromosomen, die postendomitotischen Mitosen fremd ist und auf der Störung der normalen Abstimmung von Spiralisation und Spindeltätigkeit beruht.

Für weitere Fälle steht eine genaue Analyse noch aus. So für die von WINGE (1927) erzeugten Rübentumoren mit Chromosomen„paaren" in oktoploiden Kernen und für die in Gallen beobachteten polyploiden Mitosen (KOSTOFF and KENDALL). — Offenbar endomitotisch entstanden sind aber die tetraploiden bakterieninfizierten Zellen in den Wurzelknöllchen von Leguminosen (WIPF, WIPF and COOPER). Diploide Zellen bleiben uninfiziert (abgesehen von denen, die von den Infektions„fäden" durchwachsen werden). Die tetraploiden Zellen sind — wie nach den seitherigen sonstigen Befunden zu erwarten — schon vor der Infektion tetraploid; doch kommt es anscheinend nur dann zur Knöllchenbildung, wenn ein Infektionsfaden auf tetraploide Zellen trifft; nur diese fungieren als endgültige Wirtszellen der Symbionten. Es besteht also eine bestimmte Beziehung zwischen Tetraploidie und Knöllchenbildung.

---

[41] Die Untersuchungen MECHELKES machen auch das Auftreten polymerer Chromosomen, d. h. solcher, die gegenüber der Normalzahl eine vermehrte — im vorliegenden Fall verdoppelte — Zahl von Chromonemen besitzen, bis zu einem gewissen Grad wahrscheinlich. Die in diesem Sinn von MECHELKE gedeuteten „zu großen" Chromosomen zeigen jedenfalls, daß im mehrkernigen Tapetum auch noch zusätzliche chromosomale Komplikationen bestehen (vgl. im übrigen Abschn. B 1).

Somatische Reduktion, Zwischenzahlen, Asynchronie. In Wurzeln sind gelegentlich haploide Zahlen und von der Verdoppelungsreihe abweichende polyploide Zahlen, z. B. tri-, penta- und hexaploide beobachtet worden (Huskins 1947, 1948, 1949, Huskins and Steinitz 1948 b, Viveiros, Tschermak-Woess und Doležal; dagegen nicht Holzer an einem sehr umfangreichen Material); im Fruchtfleisch fand Lauber zwei offenbar 12ploide Mitosen. In allen Fällen handelt es sich um seltene Ausnahmen, die im normalen Geschehen offensichtlich keine Rolle spielen. Huskins stellt die Arbeitshypothese auf, daß die Chromosomen grundsätzlich vielstrangig (polymer) gebaut wären und damit im Zusammenhang nicht notwendigerweise eine Spaltung nach 1 : 1 oder 2 : 2 erfahren müssen, sondern sich z. B. auch 1 : 3 teilen können. Beweise für die Richtigkeit dieser Auffassung stehen noch aus. Eine andere Erklärungsmöglichkeit liegt in der Annahme asynchron ablaufender Endomitosen im gleichen Kern (Viveiros); Asynchronie wurde aber in keinem Fall, weder für ganze (haploide) Genome noch für einzelne Chromosomen nachgewiesen (vgl. Geitler 1941, 1948; theoretische Auseinandersetzung mit ausführlichen Literaturangaben auch über Asynchronie in Mitosen bei Viveiros).

Doch läßt sich die Entstehung haploider Kerne unter „somatic reduction" oder „reductional grouping" künstlich durch Natrium-Nukleat auslösen und es kann dabei der Mechanismus eingehender studiert werden (Huskins and Cheng, Huskins and Chouinard). Bei diesen Kernteilungen erfolgt eine Trennung mitotischer Chromosomen in zwei ungleich große oder gleich große Gruppen, wobei im letzteren Fall auch eine „richtige" Auseinandersortierung ganzer Genome zustande kommen kann. Nach Levan und Lotfy sowie Battaglia (1950 a, b) handelt es sich im Fall dieser mit sozusagen zufälliger Zahlenreduktion verbundenen Na-Nukleat-Mitosen um Vorgänge, die mit gewissen extremen Formen von C-Mitosen vergleichbar sind, aber keineswegs etwas mit einer Meiose zu tun haben. Nach Wilson und Cheng — an *Trillium* —, Pätau, Huskins und Chouinard, Pätau und Patil sowie Wilson, Hawthorne und Tsou ereignet sich aber die „richtige" Trennung in einem höheren Prozentsatz, als es dem Zufall entspräche; warum, erscheint vorläufig rätselhaft.

Somatische Meiosen sind jedenfalls noch niemals festgestellt worden, und ihr Vorkommen ist höchst unwahrscheinlich (Geitler 1952 b). Vermutlich um — im Vergleich zu einer Meiose — zufällige Zahlenreduktionen handelt es sich auch bei den Beobachtungen Vaaremas an der Nachkommenschaft von tetraploidem, durch Colchizinierung entstandenem *Ribes nigrum.* Die Ausgangspflanzen besitzen die tetraploide Chromosomenzahl 32, in der Nachkommenschaft treten in Geweben der gleichen Pflanze Zahlen von 4 bis 32 auf; die hauptsächliche Ursache ist Spaltung der Spindeln, eine Folge sind zahlreiche ins Gewebe eingestreute zugrunde gehende Zellen — offenbar solche mit gänzlich lebensunfähigem Chromosomenbestand; Vielfache von 4, mit einem Maximum bei 16, treten am häufigsten auf, sie werden wohl als relativ lebensfähig herausselektioniert.

Die Herabsetzung der Chromosomenzahl und die Entstehung abweichender polyploider oder auch aneuploider Zahlen zeigen nach den bisherigen

Erfahrungen alle Merkmale von Pathologien. Ob sie in der normalen Entwicklung Bedeutung erlangen können, ist vorläufig unbekannt, aber, trotz gelegentlich spontanem Vorkommen, wenig wahrscheinlich. Mit den geregelten Reduktionsmitosen im Hinterdarm von *Culex* sind sie nicht vergleichbar, und es scheint in der Ontogenese der Angiospermen für solche Vorgänge im allgemeinen auch kein Platz zu sein. Näher in dieser Hinsicht zu untersuchen wären aber vielleicht die späten Entwicklungsstadien mancher Endosperme, in denen eine auffallende Herabsetzung der Kernvolumina unter offensichtlicher Massenabnahme der chromatischen Strukturen erfolgt (Geitler 1948 a, Duncan and Ross).

B. Allgemeiner Teil

1. Kernvolumen; rhythmisches Kernwachstum

Mit steigender Chromosomenzahl vergrößert sich das Volumen des Kerns und damit das Plasmavolumen, und mit beiden vergrößern sich die Oberflächen. Diese Veränderungen müssen physiologische Wirkungen nach sich ziehen. Im Hinblick auf die allgemeine Verbreitung der e. P. ist anzunehmen, daß ihnen funktionelle Bedeutung zukommt. Die Beziehungen sind im einzelnen allerdings sehr undurchsichtig, was einmal damit zusammenhängt, daß noch geringes sicheres Zahlenmaterial vorliegt; andererseits berühren sich die Fragestellungen mit der Problematik der Kern-Plasmarelation, die selbst noch Rätsel grundsätzlicher Art aufgibt (vgl. z. B. Max Hartmann 1947) [42].

Das Kernvolumen hängt von zweierlei Faktoren ab: 1. von den Chromosomen, 2. von den extrachromosomalen Substanzen, d. h. von der Menge der Kerngrundsubstanz oder des Kernsafts und der Nukleolarsubstanz. Kerne mit gleicher Chromosomenzahl können daher ganz verschiedene Volumina besitzen. Ein eindrucksvolles Beispiel bieten die Gehirnganglienkerne der Heteropteren, die alle diploid sind — was sich durch Auszählen der Geschlechtschromosomen und Autosomen leicht feststellen läßt —, deren Grundsubstanz aber verschieden mächtig entwickelt ist; im Zusammenhang mit dieser verschiedenen Ausbildung sind auch die einzelnen Chromosomen im Ruhekern verschieden weit aufgelockert (Abb. 38). Analoge Fälle von Kernwachstum ohne e. P. gibt es bei Schmetterlingen (Risler 1950, S. 26, 27) und Hymenopteren (Grosch, S. 166), bei Blütenpflanzen u. a. m.[43].

---

[42] Vgl. auch F. v. Wettstein (S. 193), der seinen Überlegungen statt des Kernvolumens einfach die „Chromatinmasse" zugrunde legt. Gerade im Fall des Endomitoseproblems ist damit nichts gewonnen, da ja die verschiedene Wirkung einer gegebenen Chromosomenmenge bei Vereinigung in einem Kern und bei Verteilung auf mehrere Kerne erfaßt werden soll. — Im übrigen läßt sich die „Chromatinmasse" nicht einfach durch die Chromosomenzahl ausdrücken (s. weiter unten).

[43] Ein geläufiges Beispiel bieten ja auch die tierischen Eikerne während ihrer Wachstumsperiode (die Deutung Painters — 1940 — durch Polymerie der Chromosomen bedarf wohl noch der Stützung). — Hieher gehören auch die Riesenkerne mancher Protisten (Abb. 25).

Die Chromosomen bestimmen das Kernvolumen durch ihre Anzahl und ihre Größe. Beide Faktoren können sich kombinieren: bei vielen Pflanzen nimmt mit der e. P. auch das Volumen der einzelnen Chromosomen zu, so daß auch auf diese Weise — abgesehen von Kernsaftvermehrung — eine zu der Polyploidisierung hinzukommende Vergrößerung erfolgt. Diese sehr häufige Erscheinung (GRAFL, GEITLER 1940 a, LAUBER, JÄHNL, HOLZER u. a.) wird in ausgelösten (oder spontanen) Mitosen unmittelbar erkennbar. Für *Rhoeo* läßt sich als maximaler Größenunterschied das Verhältnis 1 : ± 4,2 feststellen (Abb. 39). Die Chromosomenvergrößerung ist

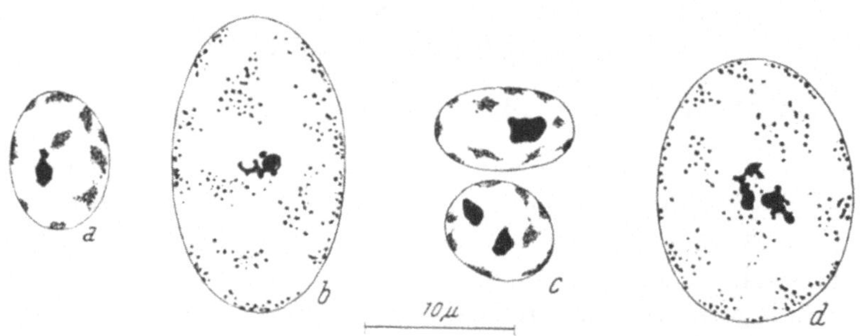

Abb. 38. *Gerris lateralis.* Diploide Ganglienkerne aus verschiedenen Abschnitten des Gehirns. *a, b* Männchen (ein X-Chromosom), *c, d* Weibchen (zwei X-Chromosomen, in *c* oben ein Sammelchromozentrum bildend); in den durch Kernsaftbildung vergrößerten Kernen sind die X-Chromosomen wenig verändert, die euchromatischen Autosomen sind stark aufgelockert und zeigen Chromomerenbau. — Alk.-Eisess., Essigkarm.; nach GEITLER 1939 a.

aber der e. P. an sich nicht wesentlich: dies ergibt sich daraus, daß sie auch im diploiden Zustand erfolgen kann — so häufig schon in älteren Teilen pflanzlicher Meristeme, aber auch in diploid bleibenden Dauergeweben (vgl. besonders JÄHNL, Abb. 1) bzw. diploid bleibenden Zellen (z. B. im Wassergewebe der Blätter von *Rhoeo*, — GEITLER 1940 a) — und weiters daraus, daß sie in sonst extremen Fällen von e. P., wie bei den Heteropteren, nicht eintritt; nach WITSCH und FLÜGEL erfolgt sie auch nicht in den 32ploiden Mesophyllzellen der Laubblätter von *Kalanchoë* (wohl aber in den weniger hochpolyploiden von *Gasteria* nach JÄHNL) [44].

Einer genauen Analyse ist die Volumzunahme der Chromosomen noch nicht zugänglich und allein schon die exakte Messung bereitet große Schwierigkeiten. Ob und in welchem Ausmaß etwa Vermehrung der Chromonemen gegenüber der Normalzahl, also Polymerie, zugrunde liegt — wobei noch zu unterscheiden wäre zwischen den sichtbaren Chromonemen und ihren submikroskopischen Bauelementen —, oder wieweit von ihr unabhängige Zunahme der Matrix und der DNS erfolgt, läßt sich noch

[44] In einzelnen Fällen nimmt das Chromosomenvolumen unerwarteterweise mit steigendem Polyploidiegrad ab (HOLZER für *Lens esculenta*; TSCHERMAK-WOESS und DOLEŽAL für zwei Sippen von *Tradescantia albiflora*, — bei der einen [$2n = 24$] sind die Chromosomen in den diploiden Dauergewebezellen kleiner, bei der anderen [$2n = 48$] größer als im Meristem).

nicht entscheiden; — abgesehen davon, daß auch bloße Quellung, eventuell kombiniert mit veränderter Spiralisierung eine Rolle spielen kann[45].

Polymerie ist wiederholt angenommen, aber in keinem Fall sicher bewiesen worden (vgl. neuerdings MECHELKE; ausführliche Besprechung besonders der von G. HERTWIG angeführten angeblichen Indizien bei GEITLER 1941). Von der e. P. aus gesehen ist ihr Vorkommen nicht unwahrscheinlich: es wäre ja nur nötig, daß eine Endomitose „steckenbleibt", d. h. nicht zur manifesten Trennung der Tochterchromatiden führt. Andererseits zeigen die allgemein verbreiteten, fließend ineinander übergehenden — nicht, wie bei Polymerie zu erwarten wäre, rhythmisch schwankenden — Chromosomenvolumina, daß andere Vorgänge, die nicht auf Chromonemenvermehrung beruhen, zumindest überlagert sein müssen, wenn sie nicht überhaupt ausschließlich maßgebend sind[46]. Was sich hier wirklich abspielt, wird sich vielleicht durch die quantitative Erfassung des DNS-Gehalts enträtseln lassen (SCHRADER and LEUCHTENBERGER 1949; vgl. dazu GEITLER 1951, S. 19; 1952, S. 10). Die wesentliche noch offene Frage ist dabei die, ob eine bestimmte Relation zwischen Chromonema und Mengen der Matrix bzw. erfaßbarer DNS besteht oder nicht[47].

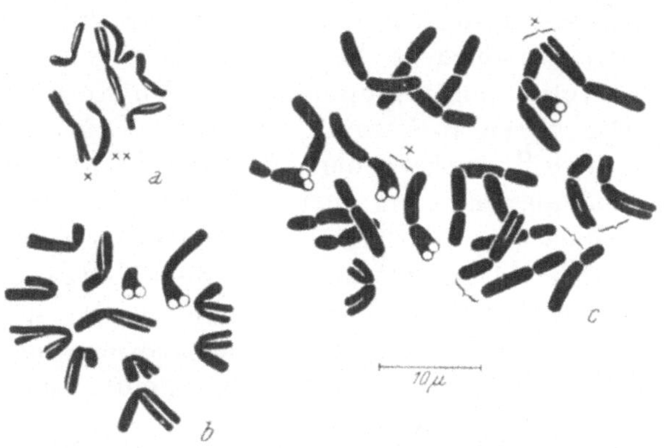

Abb. 39. Verschiedene Größe der Chromosomen von *Rhoeo discolor*. *a* Metaphase aus dem jungen Nuzellus (fünf optisch verkürzte Chromosomen weggelassen), *b*, *c* durch Verwundung ausgelöste Mitosen im Wassergewebe: *b* diploid, *c* tetraploid. — Alk.-Eisess., Essigkarm.; nach GEITLER 1940 a.

Leichter dem Verständnis zugänglich erscheint die Wirkung der Chromosomen z a h l auf das Kernvolumen. Die geläufige Annahme, daß mit der Verdoppelung der Zahl auch das Kernvolumen sich verdoppelt, ist aber dennoch nicht selbstverständlich. Denn das empirisch gegebene Kernvolumen

[45] Auf solchen sekundären Veränderungen beruht wohl die verschiedene Größe der Chromosomen der verschiedenelterlichen Chromosomensätze in jungen Zygotenkernen und die Erscheinung, daß die Chromosomen von *Sphaerocarpus* (nach LORBEER) und die X-Chromosomen von *Melandrium* (nach BELAR) im Weibchen größer als im Männchen sind.

[46] Ein bekanntes Beispiel starker ontogenetischer Größenschwankung, das sich nicht durch Polymerie erklären läßt, bilden die Diatomeen.

[47] Jedenfalls erfolgen deutliche Schwankungen des DNS-Gehalts auch im Zusammenhang mit metaboler Funktion der Zellen, so in der Speicheldrüse von *Helix* (LEUCHTENBERGER and SCHRADER 1952); diese vermögen also nichts über Polymerie oder Polyploidie auszusagen. Analoges ereignet sich wohl auch bei Pflanzen, obwohl hier Messungen noch fehlen (Chromozentren der *Drosera*-Tentakeln und Appendix von *Sauromatum*; Abb. 42). — Vgl. im übrigen über DNS-Messung LEUCHTENBERGER und SCHRADER 1951; BRYAN, SWIFT; LEUCHTENBERGER, KLEIN und KLEIN und die dort angegebene Literatur.

wird eben nicht allein durch die Chromosomenzahl bestimmt. Schon BOVERI fand an verschiedenploiden Plutei von Seeigeln, daß sich nicht das Volumen, sondern die Oberfläche direkt proportional mit der Chromosomenzahl verändert. Das Volumen nimmt also mehr zu, als es der Verdoppelungsreihe entspräche. Würde das Volumen in gleicher Weise zunehmen, so würden die Werte für die relative Oberfläche zurückbleiben. Da die Kernoberfläche für die intrazellulären physiologischen Abläufe offenbar bedeutungsvoll ist, erscheint die Frage, wie die Volumzunahme im Fall von e. P. verläuft, nicht unwichtig.

Aus den vorliegenden Angaben ist zu schließen, daß in verschiedenen Fällen verschiedene Verhältnisse herrschen. Für die Leber der Ratte ist Di-, Tetra- und Oktoploidie mit den Kernvolumverhältnissen von 1 : 2 : 4 nachgewiesen (D'ANCONA; VENDRELY, LEUCHTENBERGER et VENDRELY). PAINTER und REINDORP nehmen für die Einährzellkerne von *Drosophila* Verdoppelungswachstum an und G. HERTWIG (1935) hat es volumetrisch nachgewiesen. Freilich läßt sich der Grad der Polyploidie nicht unmittelbar feststellen. Dies gilt auch für die Schätzung BEERMANNS (1952 a) an den Speicheldrüsenkernen von *Chironomus*, wo sich aber infolge der auffallenden Übereinstimmung der Verhältniswerte von Kernvolumina und Chromosomenbündelvolumen auf Verdoppelung mit größter Wahrscheinlichkeit schließen läßt (vgl. S. 28).

Für die offenbar endopolyploiden Kerne im einkernigen Antherentapetum findet CARNIEL ziemlich genau das Volumverhältnis 1 : 2 : 4. Merkwürdigerweise scheint aber in nachweisbar endopolyploiden Kernen der Wurzeln mancher Angiospermen die erwartete und sonst feststellbare Vergrößerung auszubleiben oder geringfügig zu sein (TSCHERMAK-WOESS und DOLEŽAL)[48]. Umgekehrt stellt GRAFL für die nachweisbar di-, tetra- und oktoploiden Kerne von *Sauromatum* „zu große" Verhältniswerte von 1 : 2,7 : 6,75 fest. Ähnliche „zu große" Werte findet LAUBER, allerdings ohne genaue Messung und an nicht sicher vergleichbaren Kernen beim Vergleich diploider und tetraploider Kerne in Dauergeweben von Früchten, und das gleiche gilt für Dauergewebe oberirdischer Organe von *Rhoeo,* verglichen mit den Meristemen (GEITLER 1940 a). Diese Werte gelten für ausgewachsene Kerne, die im Endzustand di-, tetra- oder oktoploid sind und nicht untereinander eine Entwicklungsreihe bilden (im Gegensatz zu den weiter unten angeführten Werten von TSCHERMAK-WOESS und HASITSCHKA). Teilweise läßt sich für die zusätzliche Kernvergrößerung die Volumzunahme der einzelnen Chromosomen verantwortlich machen (so in den von GRAFL, GEITLER, LAUBER und JÄHNL behandelten Fällen). Zum Teil wirken aber offenbar auch extrachromosomale Vorgänge mit. In pflanzlichen Riesenkernen läßt sich oft unmittelbar verfolgen, daß im Laufe der Entwicklung eine Auflockerung der chromatischen Struktur erfolgt, die offensichtlich ganz oder überwiegend durch Wasseraufnahme, also „tote" Kernsaftvermehrung verursacht wird und parallel geht mit der Zunahme der Cytoplasmavakuolen

[48] Die von TROMBETTA gefundenen komplizierten, im Einzelfall aber gesetzmäßigen Beziehungen zwischen Kern- und Zellgröße sind karyologisch nicht unterbaut, daher kaum deutbar.

in der alternden Zelle. Diese Hydration zeigt sich noch ausgiebiger nach Abschluß der e. P., z. B. auffallend auch in Elaiosomen (GEITLER 1944 b, 1948 a). Die Kerne erfahren also eine Vergrößerung durch „unechtes" Wachstum und erreichen ein größeres Volumen, als es ihrem lebendigen Inhalt entspricht oder entspräche (vgl. ausführlicher GEITLER 1944 b). Die durch Wasseraufnahme aufgeblähten Kerne gehen dann gleitend in die Desorganisationsphase über. Die gleiche Entwicklung nehmen im übrigen ja auch diploide Kerne.

Für die Volumina von Ruhekernen in Trichomen während des endomitotischen Wachstums (also für endomitotische Interphasekerne) bzw. erwachsene Kerne unmittelbar nach ihrer Fertigstellung und vor Einsetzen der zusätzlichen Hydration finden sich folgende statistisch gesicherte Verhältniswerte (Tab. 1).

Tabelle 1. Verhältniswerte der Volumina von Ruhekernen (endomitotischen Interphasekernen) in Trichozyten (*Trianea, Hydrocharis*) und in Trichomen (einzellige Haare auf Laubblättern und Achse von *Sinapis*, spießförmige Haare — nicht Brennhaare — von *Urtica*, mehrzellige Haare der Korolle von *Cucurbita*) während des endomitotischen Wachstums. — Nach TSCHERMAK-WOESS und HASITSCHKA 1953 a; hier die tatsächlichen Zahlenwerte und die statistische Sicherung. Vgl. auch Abb. 35—37.

	Trianea bogotensis	*Hydrocharis morsus-ranae*	*Sinapis alba*	*Urtica caudata*	*Urtica pilulifera*	*Cucurbita pepo*
2 *n*	1	1	1	1	1	1
4 *n*	2,39	2,06	2,00	2,89	2,46	2,77
8 *n*	4,79	3,52	3,65	6,82	5,46	4,81
16 *n*	9,40	5,88	6,15	12,17	9,33	12,86
32 *n*	16,80	9,05	11,40		17,21	25,53
64 *n*			18,57		31,17	51,01
128 *n*						99,02

Bei allen sechs Arten erfolgt Vergrößerung, jedoch sind spezifisch verschiedene Vergrößerungsfaktoren wirksam, und für alle Arten ist es mehr oder weniger ausgesprochen charakteristisch, daß bis zur Tetra- oder Oktoploidie Vergrößerung um das Doppelte oder um mehr als das Doppelte erfolgt, dann aber ein Absinken eintritt. Im einzelnen bestehen große Unterschiede: bei *Hydrocharis* entspricht der 32-Ploidie nur eine 9,05fache, bei *Cucurbita* aber eine 25,53fache Vergrößerung. Für die von der theoretischen Verdoppelungsreihe abweichenden Werte kann — z. T. nachweisbar — nicht Vergrößerung der Chromosomen und jedenfalls nicht Hydration verantwortlich gemacht werden (vgl. TSCHERMAK-WOESS und HASITSCHKA).

Wohl zu unterscheiden von der bei Pflanzen zumindest in den Endstadien der Entwicklung weit verbreiteten Kernvergrößerung durch Hydration ist das echte Wachstum ohne Beteiligung der Chromosomen durch Vermehrung der Proteine im Kernsaft. Auf diese Weise wachsen Eikerne, Dotterstockkerne, Riesenkerne mancher Protisten (Abb. 25) u. a. SCHRADER und LEUCHTENBERGER (1950) wiesen für gesetzmäßig verschieden große Spermatozyten von *Arvelius* (Heteroptere) nach, daß die

Kernvolumina im Verhältnis von 1 : 2 : 8 stehen. Die Chromosomenzahl, das Chromosomenvolumen und der DNS-Gehalt bleiben aber gleich. Die Volumenvergrößerung beruht auf der meßbar verfolgbaren Vermehrung der Proteine, vor allem der Kerngrundsubstanz und der Nukleolarsubstanz. Dies bedeutet, daß echtes Wachstum und sogar rhythmisches Wachstum des Kerns völlig unabhängig von der DNS-Synthese erfolgen kann. Parallel zur Proteinsynthese im Kern geht die im Cytoplasma. Es ergibt sich also das Bild rhythmischen Kernwachstums und, unter Wahrung der Kern-Plasmarelation, entsprechenden Zellwachstums, und beide verlaufen ohne chromosomale Veränderungen. Mit Recht schließen Schrader und Leuchtenberger auf die weite Verbreitung solcher Vorgänge.

Aus der Feststellung rhythmischen Kernwachstums allein kann somit nicht auf e. P. geschlossen werden. Vielmehr bedarf jeder Einzelfall gesonderter Untersuchung. Die meisten Untersuchungen über rhythmisches Kernwachstum wurden aber ohne Strukturanalyse vorgenommen, so die Monschaus und Lindschaus an Angiospermen und die zahlreichen, bereits eine umfangreiche Literatur darstellenden Untersuchungen an Säugetieren, die von Jacobj ausgingen (vgl. zuletzt Helweg-Larsen). Daß vielen dieser Angaben e. P. zugrunde liegt, ist wahrscheinlich. In anderen Fällen ist das Gegenteil gewiß. So ist e. P. ausgeschlossen im Fall der rhythmisch wachsenden Kerne von *Fucus* (Höppner). In manchen Fällen bietet einen Anhaltspunkt die rhythmische Zunahme des DNS-Gehalts; so findet Swift in der Verlängerungszone der Wurzel von *Zea* Verhältniswerte der Kernvolumina von 1 : 2 : 4 : 8, was mit Chromosomenzählungen von Avanzi übereinstimmen würde. In einigen Fällen ist die Proportionalität zwischen DNS-Gehalt und Polyploidie exakt nachgewiesen, so für die Leber der Ratte (Mirsky and Ris, Harrison; nach Vendrely, Leuchtenberger und Vendrely finden sich entsprechend den drei Polyploidiestufen drei Kernklassen mit den Verhältniswerten der DNS-Gehalte von 2 : 4 : 8, wobei 2 die doppelte Menge der in den Spermien gefundenen Menge ist). Eine analoge Übereinstimmung ist auch in Tumoren nachgewiesen (Leuchtenberger, Klein and Klein).

Zusammenfassend läßt sich sagen, daß die e. P. grundsätzlich mit einer der Chromosomenzahl entsprechenden Zunahme des Kernvolumens verbunden ist. Diese tritt aber vielfach nicht rein in Erscheinung, sondern wird von sekundären Vorgängen überlagert. Oft erfolgt eine zusätzliche Vergrößerung, sei es durch Vergrößerung des Volumens der einzelnen Chromosomen oder auf andere Weise. Die sekundären Vorgänge — Veränderung des Chromosomenvolumens und Änderung der Menge extrachromosomaler Substanzen unter echtem Wachstum mit Proteinsynthese oder unter Hydration — können sich aber auch an nicht polyploidisierten Kernen abspielen. Sie gehen nicht vom Kern aus, sondern sind der Ausdruck übergeordneter Faktoren, welche die Zell- oder Gewebedifferenzierung beherrschen. Sie kombinieren sich mit der Endopolyploidie, für die allein Hinaufsetzung der Chromosomenzahl und damit die Verschiebung des Verhältnisses Volumen zu Oberfläche, zuungunsten letzterer, bezeichnend ist, — wenigstens im Normalfall; ein Ausgleich, wie bei den Seeigel-

Plutei, ist im Rahmen der e. P. nicht bekannt, wenn auch Annäherungen durch Ausbildung „zu großer“ Volumina bei Angiospermen festgestellt wurden (so zu Beginn der e. P. in Trichomen, z. B. von *Cucurbita pepo*; vgl. Tab. 1, S. 63); vielfach aber dürfte es sich eher um Zeichen einer beginnenden Degeneration (Hydration) als eines gesteigerten Stoffwechsels handeln.

Die physiologische Bedeutung der e. P. kann demnach nicht in einer erhöhten Aktivität der Kernoberfläche liegen. Sie kann vielmehr nur in Beziehung mit dem Zusammenschluß zahlreicher Chromosomensätze und Genome in einem einzigen Kern und dem Zusammenspiel eines solchen Kerns mit einem entsprechend vergrößerten einheitlichen Protoplasten stehen. Es gibt außerdem entwicklungsgeschichtliche Gesichtspunkte, die das Auftreten von e. P. verständlich machen können (vgl. Abschn. 3).

2. Kernstruktur und e. P.; Gewebespezifität

Aus der Strukturanalyse endopolyploider Kerne ergibt sich, daß in den meisten Fällen keine grundsätzlichen Veränderungen — abgesehen von der Endopolyploidie selbst — gegenüber diploiden Kernen auftreten. Wie es mannigfache gewebespezifische Ausbildungen diploider Kerne gibt, so gibt es auch gleichartige endopolyploider; sie beruhen auf verschiedenartiger und verschieden weitgehender Auflockerung der Chromosomen, verschieden starker somatischer Heterochromasie, verschieden mächtiger Ausbildung der Grundsubstanz unter Proteinsynthese oder bloßer Hydration.

Bei den Heteropteren sind die Chromosomen in den Kernen der meisten Gewebe weitgehend spiralisiert und entsprechend mit Matrix beladen[49]. Zwischen starker oder schwacher Spiralisierung und Polyploidiegrad besteht keine Beziehung. Die Chromosomen sind praktisch identisch gebaut in diploiden oder niedrig polyploiden Kernen des Darmtrakts und in den extrem hochpolyploiden Kernen der Speicheldrüse, und zwar in beiden Fällen stark kondensiert. Das gleiche gilt für die Spinndrüsen der Schmetterlinge. Auflockerung unter mehr oder weniger deutlichem Sichtbarwerden des Chromomerenbaus findet sich in anderen Geweben, z. B. in den Hodensepten an diploiden bis 16ploiden, in manchen Abschnitten auch 32ploiden Kernen. Umgekehrt kann sich verschieden starke Kondensation unter Vermehrung der extrachromosomalen Substanz auf der gleichen Ploidiestufe abspielen, so in den durchwegs diploiden Ganglienkernen (Abb. 38). Allerdings zeigt die eingehendere Betrachtung, daß die kondensierten Chromosomen in den kleinen Ganglienkernen eine gewebespezifisch andere Struktur als kondensierte Chromosomen z. B. im Darmtraktus besitzen: sie zeigen unruhigere Umrisse und sind mehr schollenförmig ausgebildet. Wieder anders sind die Chromosomen in den Muskelkernen gebaut (Abb. 2): sie er-

[49] Sie oder ähnlich ausgebildete, z. B. der Schmetterlinge und Collembolen, als „Chromozentren“ zu bezeichnen, wie dies oft geschieht, ist irreführend, da es sich um euchromatische Chromosomen handelt; der Ausdruck „Chromozentrum“ ist ausschließlich zur Bezeichnung des Heterochromatins im Ruhekern zu verwenden, im Fall der Heteropteren also meist nur für die Geschlechtschromosomen, soweit sie somatisch heterochromatisch sind.

scheinen fädiger und anastomisieren leichter; sie nähern sich dem Aussehen in Interphasekernen. Ein Prinzip der Chromonemenabrollung im Sinn der Entfaltung einer besonderen Genaktivität im polyploiden Arbeitskern ist bei den Heteropteren und ebenso bei Orthopteren, Lepidopteren u. a. jedenfalls nicht durchgeführt. Abgesehen davon, daß die Polyploidiestufe an sich

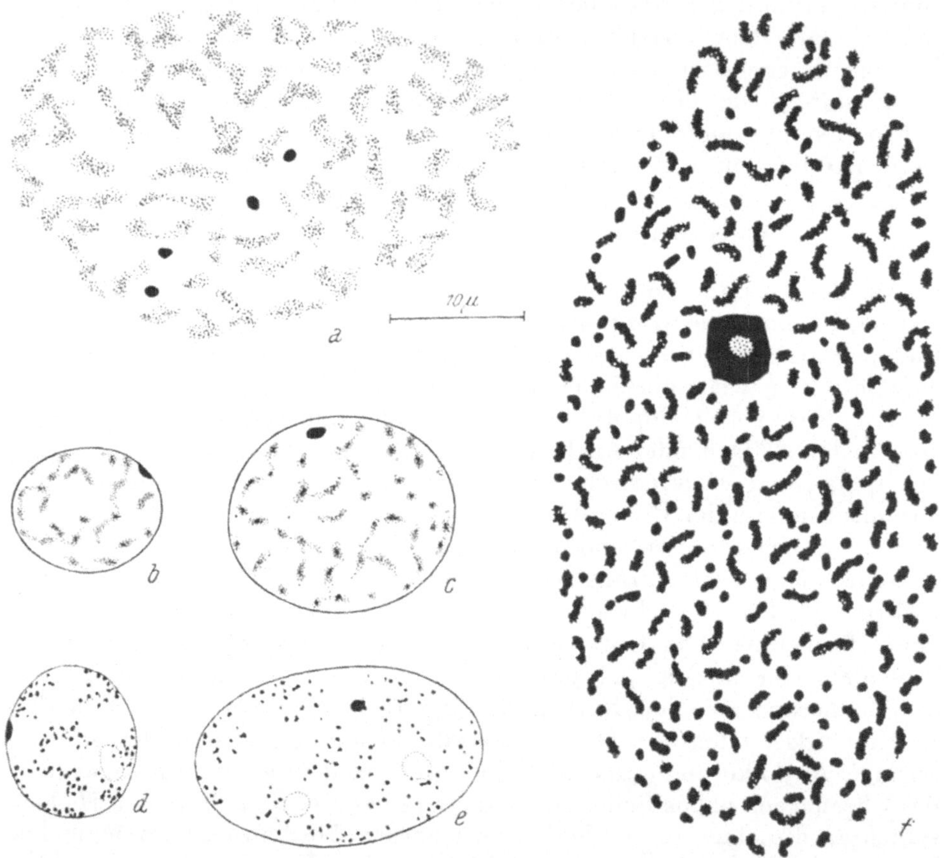

Abb. 40. Gewebespezifisch verschiedene somatische Heterochromasie der Y-Chromosomen von *Lygaeus saxatilis*, Männchen; beachte auch die verschiedene Ausbildung der Autosomen. *a* 16ploider Hodenseptenkern im Oberflächenbild: von den acht vorhandenen, freien Y-Chromosomen sind vier sichtbar; *b* diploider, *c* tetraploider Kern aus dem Fettkörper (Y-Chromosomen in *c* verschmolzen); *d*, *e* kleiner und großer diploider Kern aus dem Gehirn; *f* 128- oder 256ploider Kern aus der Speicheldrüse. — Alk.-Eisess., Essigkarm., venet. Terpentin; nach GEITLER 1939 b.

organ- oder gewebespezifisch ist, sind gerade die charakteristischen gewebespezifischen Strukturen nicht an die e. P. gebunden[50].

Dennoch ergeben sich bei hoher Endopolyploidie vielfach auffallende Bilder durch das Auftreten vielwertiger Endochromozentren; in diploiden oder gewöhnlich polyploiden Kernen kann es sie eo ipso nicht geben. Die anschaulichsten Verhältnisse bieten wieder die Heteropteren. Übergeordnet sind hinsichtlich der Ausbildung des Heterochromatins — das in den meisten

[50] Vgl. dazu auch die Abschnitte A 2—4.

Fällen identisch mit den Geschlechtschromosomen ist — artspezifische Faktoren, die sich in einer verschiedenen Konstitution der Geschlechtschromosomen selbst ausdrücken. Das X-Chromosom von *Gerris lateralis* ist somatisch heterochromatisch, das von *Gerris lacustris* dagegen nicht [51]. Die Y-Chromosomen anderer Wanzen zeigen in der Regel somatische Hetero-

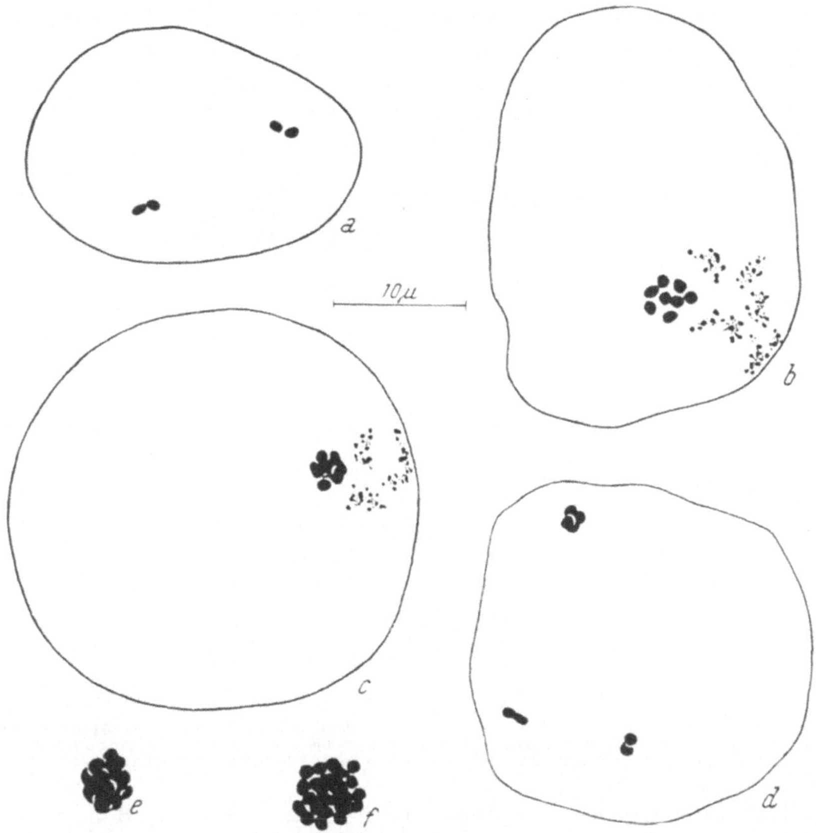

Abb. 41. Wie Abb. 40. Dem Gehirn anliegende Kerne mit lockerem Bau der Autosomen (Chromomerenstruktur in *b* und *c* z. T. dargestellt) und mit lockeren Y-Endochromozentren; *a* oktoploid, je zwei Tochter-Y beisammen, *b* 16ploid, die acht Y in einer Gruppe, *c* ebenso, die Y leicht verklumpt, *d* ebenso, die Y zerstreut; *e*, *f* Gruppe von 16 bzw. 32 Y-Chromosomen aus einem 32- bzw. 64ploiden Kern. — Alk.-Eisess., Essigkarm.; nach GEITLER 1939 b.

chromasie. Sie bilden dann im gleichen Tier dichte, homogene Endochromozentren oder lockere Gruppen oder sie bleiben frei, d. h. trennen sich nach jeder Endomitose über weite Strecken hin im Kern. Die Ausbildung ist gewebespezifisch, aber unabhängig vom Polyploidiegrad (Abb. 40, 41) [52]. —

[51] Über ihr Verhalten in der meiotischen Prophase und eventuelle Beziehungen zwischen Größe und Heterochromasie vgl. GEITLER 1937.

[52] Vgl. auch die besonders auffallende Endochromozentrenbildung einer Gerride (GEITLER 1938 a, Abb. 6, 7) und die Verhältnisse bei *Harpactor cruentus* (3 kleine, nicht somatisch heterochromatische X-Chromosomen und 1 großes Y-Chromosom mit somatischer Heterochromasie (GEITLER 1940 c, Fig. 3).

Gewebespezifisch verschieden verhält sich auch das X-Chromozentrum der Orthoptere *Psophus* (GEITLER 1944 a).

Bei den Angiospermen halten die Tochterchromozentren, sofern sie aus kompakten Heterochromatin bestehen, in allen Geweben zusammen, das Verhalten entspricht also dem der meisten Y-Chromosomen und mancher X-Chromosomen der Heteropteren in manchen Geweben; doch gibt es Ausnahmen, die vielleicht ihre Erklärung in der Lage des Heterochromatins im Chromosom finden (vgl. S. 44, 45).

Die Unabhängigkeit der Struktur vom Polyploidiegrad wird auch deutlich im Fall funktioneller Strukturen, die sich gleichartig in verschieden

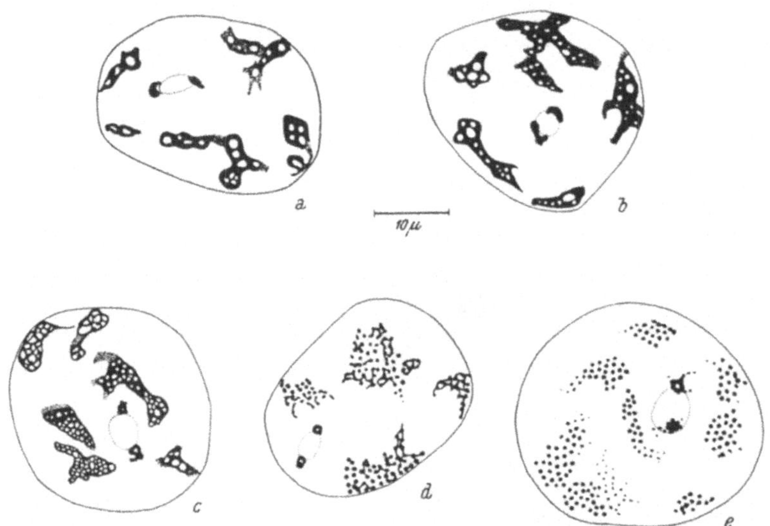

Abb. 42. *Sauromatum guttatum*. Strukturveränderung der polyploiden Epidermiskerne des Appendix während der maximalen Atmungsintensität und stärksten Erwärmung (*a*) bis zum völligen Rückgang 24 Stunden später (*e*); vgl. dazu auch Abb. 29. — Essigkarm., *a* heiß, *b*—*e* kalt; nach GRAFL 1940.

hoch polyploiden Kernen ausprägen (vgl. GRAFL 1940 für den gesteigert atmenden Appendix von *Sauromatum*; Abb. 42; vielleicht wären hier auch die Drüsenkerne von *Anilocra* und anderer Asseln zu nennen, deren Polyploidiegrad aber nicht genau feststeht; vgl. S. 15).

Außer Strukturen endopolyploider Kerne, die sich auch im diploiden Bereich finden, gibt es auch solche, die offenbar ohne e. P. nicht realisierbar sind. Dies gilt vor allem für die Speicheldrüsenkerne und ähnliche große Kerne der Dipterenlarven. Allerdings handelt es sich hier auch insofern um einen Sonderfall, als die exzessive Chromonemenstreckung mit der für die Dipteren bezeichnenden somatischen Paarung verbunden ist. Daß gerade diese Riesenchromosomen intrachromosomal gewebespezifische Unterschiede erkennen lassen (Abb. 17), beruht freilich nur mittelbar auf der e. P. und letzten Endes auf der maximalen Chromonemenstreckung. Der Grad und die Art der Polytänie ist im übrigen selbst gewebespezifisch (Abb. 15). — Bei Dipteren finden sich auch sonst zahlreiche auffallende Beispiele gewebespezifischer Strukturen und, wie z. B. das Verhalten der

Einährzellkerne der Musciden zeigt, eines Strukturwechsels mit wechselnder Funktion (vgl. Abschn. A 5).

Besondere, offenbar durch hohe Endopolyploidie bedingte Strukturen sind auch die in bestimmten Drüsen von Isopoden auftretenden Chromosomengruppen, die nach der Auffassung der Autoren ganze Genome darstellen (S. 15, Abb. 9)[53].

Äußerlich ähnliche Bildungen sind die im Suspensorhaustorium von *Lupinus* (Abb. 31, 32) und die im Endosperm von *Zea* auftretenden Gruppen (Duncan and Ross, vgl. S. 55, 56), die aber Tochterchromosomen umfassen und Endochromozentren extremer Ausbildung darstellen. Das wesentliche an dieser Ausbildung liegt nicht einfach darin, daß sich an solchen großen Endochromozentren bloß aus optischen Gründen mehr erkennen läßt als an kleinen diploiden Kernen; vielmehr erfahren offensichtlich die Einzelchromonemen eine deutlichere Ausbildung in der Richtung, daß sie gestreckter und pachynematischer werden. Dies gilt auch für die Kernstruktur von *Sauromatum* (Abb. 29), von *Stratiotes* (Tschermak-Woess und Hasitschka) und z. T. von *Trianea*: der Chromomerenbau wird in polyploiden Kernen gegenüber diploiden ausgeprägter, und zwar dadurch, daß die einzelnen Chromomeren auseinanderrücken und auch größer werden. Da allerdings diese Strukturen an der Grenze der optischen Auflösbarkeit stehen, ist ihre Deutung mit spekulativen Vorstellungen etwas belastet; die „Fibrillen", d. h. die Verbindungsfäden der Chromomeren, sind deutlich überhaupt nicht zu erkennen. Doch zeigt der Vergleich der Chromomeren somatischer Kerne und meiotischer, daß die Vorstellungen gut begründet sind (Grafl 1939, 1940). Es läßt sich dabei auch feststellen, daß die Chromomerengröße gewebespezifisch verschieden ist.

3. Verbreitung und Funktion; e. P. und Gewebedifferenzierung

Die Gewebespezifität der Kernstrukturen ist deskriptiv verhältnismäßig leicht zu behandeln und es läßt sich auch im groben sagen, worin ihr Wesen liegt. Es handelt sich um Verschiedenheiten der Spiralisierung der Chromosomen und der Matrixausbildung, damit auch der Chromosomengröße, eventuell auch der Chromomerengröße, um verschiedene Heterochromasie und um Verschiedenheiten der Mengen extrachromosomaler Substanzen; ob auch Polymerie vorkommt, ist noch ungewiß. Es ist aber nicht möglich, die Art dieser Strukturveränderungen mit der Funktion in kausale Beziehung zu setzen, — abgesehen von ganz allgemeinen Einsichten wie der, daß mit Eiweißsynthese im Plasma notwendig Vergrößerung der Nukleolen einhergeht. Ähnlich verhält es sich mit der e. P. als solcher. Es ist zwar klar, daß ihr Auftreten organ-, gewebe- oder zellspezifisch ist; eine konkrete funktionelle Deutung ist jedoch kaum möglich. Gewiß ist nur, daß es sich um kein zufälliges Zusammentreffen handeln kann, sondern die e. P. notwendigerweise mit der Differenzierung bestimmter Gewebe und deren Funktion im fertig ausgebildeten

[53] Chromosomengruppen anscheinend besonderer Ausbildung finden sich auch in der Spinndrüse von *Habrobracon* (S. 20).

oder schon im unausgebildeten, aber schon z. T. funktionsfähigen Zustand verknüpft ist.

Übergeordnet erscheinen allerdings konstitutionelle, im Bauplan der Organismen gelegene Bedingtheiten. So ist e. P. im allgemeinen besonders für Insekten bezeichnend, und zwar für solche mit und ohne Metamorphose (es läßt sich also nicht etwa allgemein behaupten, daß die e. P. wie im Falle der Dipteren gerade für das larvale Leben bedeutungsvoll wäre und in der Imago entbehrlich würde; bei den Heteropteren erreicht sie die höchsten Grade in der Imago). Bei Vertebraten düfte e. P. höherer Grade nur in vereinzelten Zellen auftreten, so in den Megakaryozyten; die Gewebe werden hier offenbar vorwiegend durch Zellteilungswachstum im diploiden oder niedrig polyploiden Zustand aufgebaut. Unter den Pflanzen dürfte man z. B. im Gametophyten der Moose vergeblich nach e. P. in nennenswertem Ausmaß suchen. Bei Protisten ist die systematische Gebundenheit ganz offensichtlich.

Zu den konstitutionellen Eigentümlichkeiten gehört auch die — freilich nur in beschränktem Umfang bedeutungsvolle — Erscheinung, daß innerhalb mancher Verwandtschaftskreise von Angiospermen die e. P. in höher polyploiden Sippen weniger weit als in niedriger polyploiden geht. Bei *Tradescantia albiflora* mit der Chromosomenzahl $2n = 24$ treten in der Wurzelrinde di-, tetra- und oktoploide, bei einer Sippe mit $2n = 48$ nur di- und tetraploide Kerne auf; bei *Beta vulgaris* mit $2n = 18$ findet sich bis zu 16-Ploidie, bei *Chenopodium, Atriplex* und *Suaeda* mit $2n = 36$ höchstens Oktoploidie (TSCHERMAK-WOESS und DOLEŽAL; auch WULFF 1936). In anderen Fällen fehlt eine solche Beziehung, so bei zwei von D'AMATO (1952) untersuchten Tradescantien mit $2n = 12$ und $2n = 18$, und bei den von HOLZER behandelten *Ornithogalum nutans-Boucheanum*-Pflanzen mit $2n = 28$, 35 und 42.

Systematisch gebunden — offensichtlich im Zusammenhang mit der spezifischen Struktur des Ruhekerns — erscheint übrigens auch die Art des endomitotischen Formwechsels: bei den Angiospermen reicht er kaum bis zur Ausbildung einer frühen Prophase, bei den Heteropteren und bei *Gordius* wird ein metaphaseähnlicher Zustand erreicht. Verschiedene Ausbildungen scheinen allerdings bei den Dipteren vorzukommen (vgl. die Unterschiede zwischen frühen und späten Endomitosen in den Einährzellkernen von *Drosophila* — PAINTER and REINDORP; über die Ausprägung der Endomitose im Hinterdarm von *Culex* liegen widersprechende Angaben vor —, S. 30, Fußn. 18).

Keine Beziehung besteht zwischen e. P. und der systematisch gebundenen Ausbildung der Spindelinsertion: e. P. findet sich in gleicher Weise bei Organismen mit lokalisiertem Centromer und solchen mit diffusem Spindelansatz, wie den Heteropteren und vermutlich den Schmetterlingen. Das Prinzip der e. P. ist also solchen chromosomalen Organisationseigentümlichkeiten übergeordnet. Es setzt sich im übrigen auch über die Grenze Einzeller — Vielzeller hinweg.

Der wesentliche entwicklungsgeschichtliche Unterschied verschiedener Gewebe besteht darin, daß manche bis zu ihrer Fertigstellung sich durch Teilungswachstum vergrößern, während bei anderen nach Abschluß des Teilungswachstums e. P. einsetzt. Diese Verhältnisse lassen sich bei den Heteropteren besonders klar erkennen und schrittweise verfolgen. Epidermis und Nervensystem bleiben dauernd diploid und erfahren bis zuletzt Zellteilungen; die Speicheldrüse differenziert sich dagegen unter frühzeitig ablaufenden Endomitosen, und zwar, wie ihre hohe Polyploidie im ersten Larvenstadium zeigt, noch im Embryo, somit bereits vor der Aufnahme ihrer Funktion. Das Gewebe- und Organwachstum erfolgt im einen Fall durch Vermehrung der Zellen, im anderen durch Zellwachstum. Übergänge kommen in manchen Geweben vor, indem z. B. im Fettkörper niedrigpolyploide Mitosen ablaufen, also in das Zellwachstum Mitosen eingeschaltet sind. Das gleiche spielt sich in Geweben, z. B. der Wurzel, mancher Angiospermen ab.

Für die genauer untersuchten tierischen Gewebe ist im allgemeinen das Erreichen einer einheitlichen Polyploidiestufe kennzeichnend. So sind bei der Heteroptere *Gerris* die Kerne der Malpighischen Gefäße 32- und 64-ploid, wobei anscheinend eine strenge Verteilung auf verschiedene Abschnitte durchgeführt ist; die Kerne der Muskelzellen sind diploid und tetraploid, der Hodensepten 16ploid usw.; nur der Fettkörper, ein Organ geringerer physiologischer „Dignität", ist aus Zellen verschieden hoher Polyploidiestufen zusammengesetzt (in ihm laufen auch gestörte Mitosen mit mehrpoligen Spindeln ab). Polysomatisch ist aber auch z. B. der „Mantel" der Crustacee *Ulophysema.*

Polysomatie ist vor allem für wenig spezialisierte pflanzliche Gewebe bezeichnend. Die Verteilung der verschiedenen Polyploidiestufen ist dabei — wie man z. B. an Wurzelquerschnitten erkennt — nicht völlig regellos und zufällig, und es ist offenbar in gemischtpolyploiden Abschnitten ein bestimmter Prozentsatz der einen oder anderen Stufe kennzeichnend. Eine regelmäßige Verteilung herrscht z. B. auch in der Epidermis von *Sauromatum*; sie ist hier entwicklungsgeschichtlich leicht verständlich. Die Stellen, an welchen Spaltöffnungen entstehen, behalten am längsten ihre mitotische Teilungsfähigkeit; die Schließzellen und ihre Nachbarzellen bleiben überhaupt dauernd diploid. Von diesen meristematischen Inseln aus besteht ein Gefälle derart, daß die Zellen ihre mitotische Teilungsfähigkeit um so früher verlieren, je weiter sie vom Zentrum entfernt liegen. Während die zentralen Zellen sich noch teilen, gehen die äußeren zu e. P. über und machen drei Endomitosen, weiter innen liegende zwei und die innersten eine Endomitose durch.

Ähnlich verhält es sich bei der Differenzierung der Trichozyten von *Trianea* u. a., indem auch hier nach differentiellen Teilungen das weitere Geschehen durch Mitosen oder Endomitosen bestimmt wird und eine ganz bestimmte Fortführung des embryonalen Musters erfolgt (Abb. 43). Die Trichozyten entstehen dadurch, daß die eine von zwei Tochterzellen des jungen Dermatogens die Teilungen einstellt und unter e. P. sich zur Trichozyte entwickelt, während die andere sich weiter mitotisch teilt. Wahrscheinlich macht der Trichozytenkern — abgesehen von sekundären Störungen — so viele Endomitosen durch, als die Schwesterzelle Mitosen erführt. Da die ausgewachsenen Trichozyten 32ploid sind (S. 53), TSCHERMAK-WOESS und HASITSCHKA), so sollte jeder von ihnen einer Reihe von

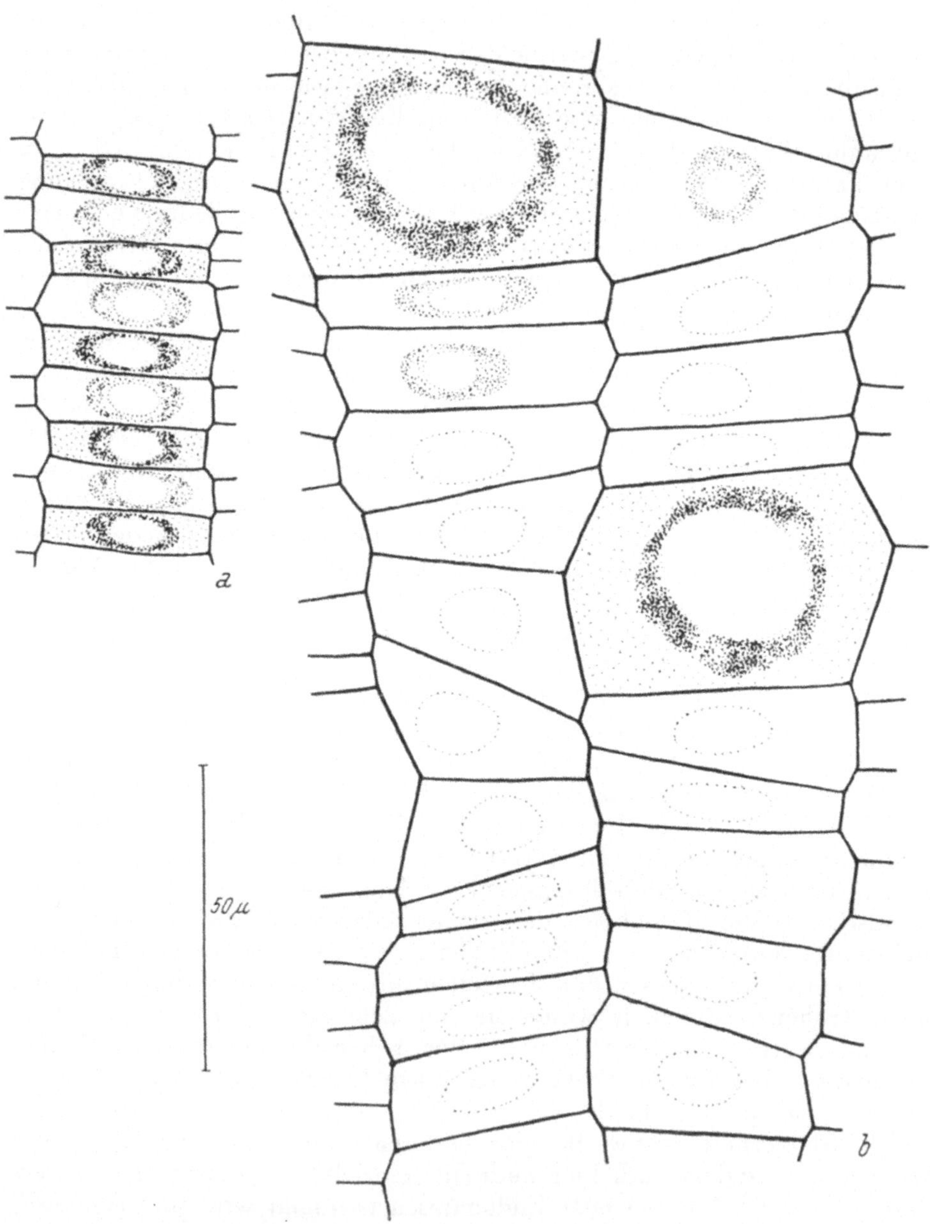

Abb. 43. *Trianea bogotensis*, Ausschnitte aus dem Dermatogen nahe der Wurzelspitze (*a*) und in größerer Entfernung von derselben (*b*). In *a* sind die durch differentielle Zellteilung eben entstandenen Trichozyten an ihrer geringeren Größe, ihrem dichteren Plasma und dem dichteren Kernbau erkennbar; sie werden später beträchtlich größer (*b*). — Alk.-Eisess., Essigkarm.; nach GEITLER 1941. (Vgl. auch Abb. 34.)

16 Zellen entsprechen; tatsächlich findet man weniger diploide Zellen, was auf Unterbleiben einzelner der letzten Mitosen, die nicht mehr syn-

chron ablaufen, und auf die Einschaltung sekundärer Trichozyten, die sich später entwickeln und niedrig polyploid bleiben, zurückgeführt werden kann.

Derartige Beziehungen zwischen Mitosen und Endomitosen bestehen wohl auch im Fall des Endospermhaustoriums von *Arum* (S. 50). JACOBSEN-PALEY): während die eine Zelle der Endospermanlage zum großen Haustorium heranwächst, teilt sich die andere wiederholt mitotisch; genauere Untersuchungen könnten hierüber nähere Aufklärung bringen[54].

Im Unterschied zum „Vikariieren" von Mitosen und Endomitosen beim Aufbau von Organen wie der Wurzelepidermis von *Trianea* erfolgt die Schuppenbildung auf den Flügeln der Schmetterlinge nach dem Kompensationsprinzip (HENKE): je mehr Endomitosen die eine von zwei Tochterzellen erfährt, desto weniger macht die andere Mitosen durch; zu einer großen Schuppe gehören also weniger, zu einer kleineren mehr Epithelstammzellen (S. 20). Im übrigen zeigt gerade die Schuppenbildung der Schmetterlinge, wie bedeutungsvoll die Zellgröße an sich werden kann: die verschiedene, durch verschieden weitgehende e. P. bedingte Zellgröße bestimmt die charakteristische Größe der Tiefen-, Mittel- und Deckschuppen.

Der e. P. kommt somit eine bestimmte und klar erkennbare, wenn auch im Einzelfall wechselnde Bedeutung für das Zustandekommen der bauplanmäßigen Organbildung zu. Ihre entwicklungsgeschichtlich-funktionelle Bedeutung kann, davon abgesehen, darin liegen, daß die Endomitose den Arbeitsrhythmus der Zelle weniger stört als eine Mitose, die vermutlich eine durchgreifendere Umstellung der zellphysiologischen Abläufe erfordert. Bei Tieren ist die ausgeprägte physiologische Umstimmung von Gewebezellen zum Zeitpunkt des Erlöschens der Teilungstätigkeit besonders auffallend (RIES 1937). Es erscheint vielleicht „ökonomischer", mit e. P. auszukommen, als das Zellteilungswachstum in Bewegung zu halten.

Außerdem besitzt die Bildung großer, ungekammerter Protoplasten mit einem einzigen Kern, der die Gene in vervielfachter Anzahl enthält, vermutlich noch besondere physiologische Bedeutung für das fertiggestellte Organ oder kann sie besitzen. Eine einfache Beziehung zu veränderten Oberflächenverhältnissen scheint sich allerdings nicht feststellen zu lassen (S. 64). Und was sich sonst in dieser Hinsicht sagen läßt, sind z. Zt. nur Vermutungen. Doch läßt sich auch nicht erwarten, daß es möglich wäre, etwa aus dem Vergleich verschiedener Organe mit verschiedener Funktion

[54] Eine besondere und ganz andere Art des „Vikariierens" von Mitosen und Endomitosen findet sich im Antherentapetum: im mehrkernigen Tapetum laufen Mitosen — im Idealfall, der allerdings selten realisiert wird, drei —, im einkernigen Tapetum Endomitosen, und zwar ebenfalls drei. Im einen Fall entstehen acht diploide Kerne, im anderen entsteht ein 16ploider Kern. Funktionell scheint es auf das gleiche hinauszukommen, ob in einer Tapetumzelle acht diploide Kerne oder ein 16ploider Kern vorhanden ist; allerdings gelingt kaum je die Bildung acht selbständiger Kerne und es entstehen durch Mitosestörungen vier tetraploide oder zwei oktoploide Kerne und andere Kombinationen, die auf Polyploidie abzielen.

bestimmte Vorstellungen zu gewinnen, solange in rein deskriptiver Hinsicht erst Stichproben vorliegen und eine brauchbare karyologische Anatomie noch nicht besteht. Eine auswertbare experimentelle Behandlung

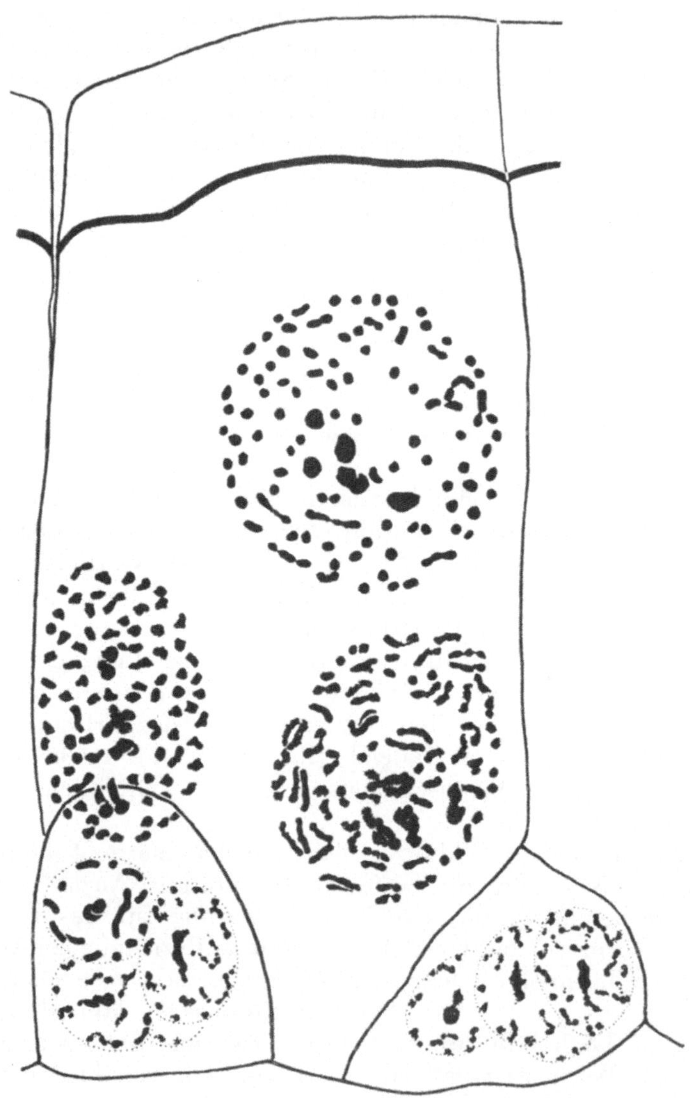

Abb. 44. *Gerris lateralis*, Männchen, V. Larvenstadium. Teil eines Querschnitts durch das Mitteldarmepithel; Zellgrenzen nur z. T. dargestellt. Basal zwei Nester von diploiden Erneuerungszellen (links oben ein Kern in Prophase); rechts unterhalb der Mitte letzte Endotelophase in einem oktoploiden Kern (vier gespaltene X-Chromosomen; links ein oktoploider, oben ein 16ploider Kern, in diesem sind zwei X-Chromosomen frei, die anderen sechs paarweise vereinigt. — Alk.-Eisess., Essigkarm., vergr. wie Abb. 5 und 6; nach GEITLER 1939 a.

liegt aber überhaupt noch nicht vor. Der einzige Fall willkürlich verschobener e. P. betrifft die verschieden weitgehende e. P. im Blatt von *Kalanchoë Blossfeldiana*, die bei Kurztagbehandlung um zwei Stufen höher als im Landtag liegt (S. 47, v. WITSCH und FLÜGEL). Da der Kurztag aber die normale Bedingung darstellt, handelt es sich bei der Langtagbehandlung um eine bloße Hemmung, die auch eine entsprechende Hemmungserscheinung, nämlich die weniger weitgehende Sukkulenz, zur Folge hat.

Immerhin läßt sich vermuten, daß hohe Endopolyploidie mit der Funktion besonders aktiver Drüsenzellen in enger Beziehung steht und allgemein, auch bei Pflanzen, in Organen mit intensiver Stoffproduktion, wie Haustorien, Elaiosomen u. a. in Erscheinung tritt. Wie die e. P. mit temporärer sekretorischer Funktion aufs engste verknüpft ist, zeigt das Mitteldarmepithel der Heteropteren (S. 9; Abb. 44). Allerdings ist nicht außer acht zu lassen, daß es übergeordnete, systematisch gebundene Bauprinzipien gibt, die die funktionellen Aufgaben auch auf andere Weise zu lösen vermögen. So läßt sich behaupten, ohne daß darauf gerichtete Untersuchungen vorliegen, daß Drüsen von Vertebraten sicher nicht so hoch polyploide Kerne besitzen, wie dies bei Insekten der Fall ist. Das Mannigfaltigkeitsprinzip macht sich auch hier geltend. So wären auch im Bereich der pflanzlichen Organisation zu allgemeine Schlußfolgerungen verfrüht: der bisher höchste sicher nachgewiesene Grad von 128-Ploidie findet sich in ganz „gewöhnlichen" Trichomen von *Cucurbita pepo*; hier ist das erreichte Ziel nichts anderes als ein sehr großzelliges Haar. Das Endosperm-Haustorium von *Arum* ist freilich offenbar noch höher polyploid (S. 50) und die Brennhaare von *Urtica* sind so gut wie sicher 256ploid (S. 54); andererseits bleiben die Kerne des Suspensorhaustoriums von *Lupinus* niedriger polyploid. Gewiß ist die e. P. für den Organismus physiologisch in verschiedenster und oft sehr spezieller Weise „verwendbar": bei den Schildläusen baut sie, in Kombination mit vorangehenden Kernfusionen, an denen die Richtungskörper des Eies beteiligt sind, das Myzetom auf (S. 17); bei den Leguminosen kommt es zur Bildung von Wurzelknöllchen nur bei Infektion polyploider Zellen (S. 57). Mit welchen Funktionen aber die e. P. im Einzelfall auch in Verbindung tritt, unter allen Umständen ist sie der Organgestalt und -funktion wesentlich.

Literatur

Araratian, A. G., 1940: Mixoploidie bei *Hippophaë rhamnoides* L. C. R. Acad. Sci. URSS., N. S., **27**, 857.

Avanzi, Grazia M., 1950 a: Osservazioni sul ciclo nucleolare in *Cassia acutifolia* Delile. Caryologia **3**, 200.

— 1950 b: Endomitosi e mitosi a diplocromosomi nelle sviluppo delle cellule del tappeto di *Solanum tuberosum*. Caryologia **2**, 205.

— 1951: Ricerche sulla poliploidia somatica nei tessuti differenziati della radica di alcune Graminaceae. Caryologia **3**, 331.

Barigozzi, C., 1942 a: I fenomeni cromosomici nelle cellule somatiche di *Artemia salina*. Chromosoma **2**, 251.

— 1942 b: Sulla struttura dei cromosomi in nuclei iperploidi di *Gryllotalpa gryllotalpa*. Chromosoma **2**, 345.

— 1947: Struttura nucleare e differenziamento somatico. Arch. Ital. Anat. Embr. **52**, 85.

— 1949: Struttura del nucleo e differenziamento. Pubbl. Staz. Zool. Napoli, Suppl. **21**, 228.

— and G. Dellepiane, 1951: New perspectives in Cancer Cytology. Cancer **4**, 154.

BATTAGLIA, E., 1949: Agglutinazione cromosomica („stickiness") quale causa di eccezionali condizioni nucleari nelle cellule del tappeto di *Crepis Zacintha* (L.) Babc. Caryologia **1**, 248.
— 1950 a: Effetti citologici del desossiribonucleinato sodico, dell'acido ribonucleinico e del ribonucleinato sodico. Caryologia **2**, 325.
— 1950 b: Considerazioni sopra i più noti reperti di « fenomeni meiotici » in tessuti somatici. Caryologia **3**, 79.
— 1950 c: Sui fenomeni endomitotici: una precisazione terminologica. Caryologia **2**, 298.
BAUER, H., 1935: Der Aufbau der Chromosomen aus den Speicheldrüsen von *Chironomus thummi* Kieff. Z. Zellf. **23**, 280.
— 1936: Beiträge zur vergleichenden Morphologie der Speicheldrüsenchromosomen (Untersuchungen an den Riesenchromosomen der Dipteren II). Zool. Jahrb., Allg. Zool. **56**, 239.
— 1937: Are the chromonemata in salivary gland chromosomes stresslines? Genetics **22**, 184.
— 1938: Die polyploide Natur der Riesenchromosomen. Naturwiss. **26**, 77.
— und W. BEERMANN, 1950/52: Die Polyploidie der Riesenchromosomen. Chromosoma **4**, 630.
BEAL, J. M., 1942: Induced chromosomal changes and their significance in growth and development. Am. Naturalist **76**, 239.
BEERMANN, W., 1950: Chromomerenkonstanz bei *Chironomus*. Naturwiss. **37**, 543.
— 1952 a: Chromomerenkonstanz und spezifische Modifikationen der Chromosomenstruktur in der Entwicklung und Organdifferenzierung von *Chironomus tentans*. Chromosoma **5**, 139.
— 1952 b: Chromosomenstruktur und Zelldifferenzierung in der Speicheldrüse von *Trichocladius vitripennis*. Z. f. Naturf. **7 b**, 237.
BERGER, CH. A., 1937: Additional evidence of repeated chromosome division without mitotic activity. Am. Naturalist **71**, 187.
— 1938 a: Multiplication and reduction of somatic chromosome groups as a regular developmental process in the mosquito, *Culex pipiens*. Publ. Carnegie Inst. Washington 1938, Nr. 496.
— 1938 b: Prophase chromosome behavior in the division of cells with multiple chromosome complexes. J. Hered. **29**, 351.
— 1941 a: Reinvestigation of polysomaty in *Spinacia*. Bot. Gaz. **102**, 759.
— 1941 b: Some criteria for judging the degree of polyploidy of cells in the resting stage. Am. Naturalist **75**, 93.
— 1941 c: Multiple chromosome complexes in animals and polysomaty in plants. Cold Spring Harbor Symp. Quant. Biol. **9**, 19.
— and E. R. WITKUS, 1946: Polyploid mitosis as a normally occurring factor in the development of *Allium cepa*. Am. J. Bot. **33**, 785.
— — 1948: Cytological effects of alpha-naphthalene acetic acid. J. Hered. **39**, 117.
— — 1951: Naturally occurring polyploidy in the development of *Albizzia julibrissin* Durazz. Bot. Gaz. **110**, 312.
— — and T. C. JOSEPH, 1951: Tapetal cell and meiotic divisions in *Antirrhinum majus* and *Linaria vulgaris*. Caryologia **4**, 110.
BIESELE, J. J., H. POYNER and T. S. PAINTER, 1942: Nuclear phenomena in mouse cancers. Univ. Texas Publ. **4243**, 1.
BOVERI, T., 1905: Zellenstudien V. Über die Abhängigkeit der Kerngröße und Zellenzahl der Seeigel-Larven von der Chromosomenzahl der Ausgangszellen. Jenaische Ztschr. f. Naturwiss. **39**, 105.
BRESLAWETZ, L., 1936: Polyploide Mitosen bei *Cannabis sativa*. I. Ber. Dtsch. Bot. Ges. **44**, 498.
— 1942: II. Planta **17**, 644.
BRIDGES, C. B., 1935: Salivary chromosome maps. J. Hered. **26**, 60.
BROWN, S. W., 1949: Endomitosis in the tapetum of tomato. Am. J. Bot. **36**, 703.
BRYAN, J. H. D., 1951: DNA-protein relations during microsporogenesis of *Tradescantia*. Chromosoma **4**, 369.
BUSHNELL, R. J., 1936: The development and metamorphosis of the mid-intestinal epithelium of *Acanthoscelides obtectus* (Coleoptera). J. Morph. **60**, 221.
CARNIEL, K., 1952: Das Verhalten der Kerne im Tapetum der Angiospermen mit besonderer Berücksichtigung von Endomitosen und sogenannten Endomitosen. Öst. Bot. Z. **99**, 318.

COLEMAN, L. C., 1950: Nuclear conditions in normal stem tissue of *Vicia*. Canad. J. Res. **C 28**, 382.

CLARA, M., 1931: Über den Bau der Leber beim Kaninchen und die Regenerationserscheinungen an diesem Gewebe bei experimenteller Phosphorvergiftung. Z. f. mikr.-anat. Forschg. **26**, 45.

CLEVELAND, L. R., 1949: Hormone-induced sexual cycles of Flagellates. I. Gametogenesis, fertilization and meiosis in *Trichonympha*. J. Morph. **85**, 197.

D'AMATO, F., 1948 a: Cytological consequences of decapitation in onion roots. Experientia **4**, 388.

— 1948 b: Sull'attività colchicino-mitotica e su altri effetti citologici del 2, 4-diclorofenossiacetato di sodio. Rend. Acad. Naz. Lincei, Cl. sc. fis., ser. 8ª, **4**, 570.

— 1950: Differenziazione istologica per endopoliploidia nelle radici di alcune monocotiledoni. Caryologia **3**, 11.

— 1951: Endopolyploidy in differentiated plant tissues. Caryologia **4**, 115.

— 1952: New evidence on endopolyploidy in differentiated plant tissues. Caryologia **4**, 121.

— e MARIA G. AVANZI, 1948: Reazioni di natura auxinica ed effetti rizogeni in *Allium cepa* L. Studio cito-istologico sperimentale. Nuovo Giorn. Bot. Ital., n. s. **55**, 161.

D'ANCONA, U., 1939: Grandezze nucleari e poliploidismo nelle cellule somatiche. Mon. Zool. Ital. **50**, 225.

— 1942: Verifica del poliploidismo delle cellule epatiche dei Mammiferi nelle cariocinesi provocate sperimentale. Arch. Ital. Anat. Embr. **47**, 253.

D'ANCONA, U., M. MAGRINI e S. D. D'ANCONA, 1949: Osservazioni sul poliploidismo somatico nei tessuti a elementi stabili. Boll. Soc. Ital. Biol. Speriment. **25**, 1.

D'ANGELO, E. G., 1950: Salivary gland chromosomes. Ann. New York Acad. Sci. **50**, 910.

DERMEN, H., 1941: Intranuclear polyploidy in beans induced by naphthalene acetic acid. J. Hered. **32**, 133.

DELLA VALLE, P., 1907: Osservazioni di tetradi in cellule somatiche. Atti Acad. Sci. Fis. Mat. Napoli, II, a. s. **13**.

DOLCHER, T., 1949: Sulla cariologia di *Spinacia turcestanica*. Caryologia **2**, 55.

— 1950: Sulla costituzione cariologica dei tessuti differenziati delle Leguminose. Caryologia **2**, 339.

DUNCAN, R., and J. G. ROSS, 1950: The nucleus in differentiation and development. III. Nuclei of Maize endosperm. J. Hered. **41**, 259.

EILERS, W., 1925: Somatische Kernteilung bei Coleopteren. Z. f. Zellf. mikr. Anat. **2**, 593.

ERVIN, C. D., 1939: Polysomaty in *Cucumis melo*. Proc. Nat. Acad. Sci. U. S. A. **25**, 335.

— 1941: A study of polysomaty in *Cucumis melo*. Am. J. Bot. **28**, 113.

FAVARGER, C., 1946: Recherches caryologiques sur la sous-famille des Silénoidées. Bull. Soc. Bot. Suisse **56**, 364.

FÖYN, B., 1936: Über die Kernverhältnisse der Foraminifere *Myxotheca arenilega* Schaudinn. Arch. f. Protk. **87**, 272.

FROLOWA, SOPHIE, 1926: Normale und polyploide Chromosomengarnituren bei einigen *Drosophila*-Arten. Z. Zellforschg. **3**, 682.

— 1929: Die Polyploidie einiger Gewebe bei Dipteren. Z. Zellforschg. **8**, 542.

GARRIGUES, R., 1951: Sur les anomalies mitotiques du tapis des étamines. Rev. gén. bot. **58**, 305.

GEITLER, L., 1934 a: Die Schleifenkerne von Simulium. Zool. Jahrb., Abt. allg. Zool. Phys. **54**, 237.

— 1934 b: Grundriß der Cytologie. Berlin.

— 1937: Die Analyse des Kernbaus und der Kernteilung der Wasserläufer *Gerris lateralis* und *Gerris lacustris* und die Somadifferenzierung. Z. Zellforschg. **26**, 641.

— 1938 a: Über das Wachstum von Chromozentrenkernen und zweierlei Heterochromatin bei Blütenpflanzen. Z. Zellforschg. **28**, 133.

— 1938 b: Über den Bau des Ruhekerns mit besonderer Berücksichtigung der Heteropteren und Dipteren. Biol. Zbl. **58**, 152.

— 1938 c: Die Entstehung der polyploiden somatischen Zellkerne bei Heteropteren durch wiederholte Chromosomenteilung ohne Spindelbildung und Kernteilung. Naturwiss. **26**, 722.

— 1939 a: Die Entstehung der polyploiden Somakerne der Heteropteren durch Chromosomenteilung ohne Kernteilung. Chromosoma **1**, 1.

GEITLER, L., 1939 b: Das Heterochromatin der Geschlechtschromosomen bei Heteropteren. Chromosoma **1**, 197.
— 1940 a: Kernwachstum und Kernbau bei zwei Blütenpflanzen. Chromosoma **1**, 474.
— 1940 b: Die Polyploidie der Dauergewebe höherer Pflanzen. Ber. Dtsch. Bot. Ges. **58**, 131.
— 1940 c: Neue Untersuchungen über Bau und Wachstum des Zellkerns in Geweben. Naturwiss. **28**, 241.
— 1940 d: Temperaturbedingte Ausbildung von Spezialsegmenten an Chromosomenenden. Chromosoma **1**, 554.
— 1941: Das Wachstum des Zellkerns in tierischen und pflanzlichen Geweben. Ergebnisse d. Biol. **18**, 1.
— 1943: Die Bedeutung der Endomitose für die Krebscytologie und Jacobjs „heterotyp-genmutative" Geschwulsttheorie. Roux Arch. Entwmech. **142**, 301.
— 1944 a: Zur Kenntnis des Kern- und Chromosomenbaus der Heuschrecken und Wanzen. Chromosoma **2**, 531.
— 1944 b: Der Bau der Riesenkerne des Elaiosoms von *Corydalis cava*. Chromosoma **2**, 544.
— 1948 a: Notizen zur endomitotischen Polyploidisierung in Trichozyten und Elaiosomen sowie über Kernstrukturen bei *Gagea lutea*. Chromosoma **3**, 271.
— 1948 b: Ergebnisse und Probleme der Endomitoseforschung. Öst. Bot. Z. **95**, 277.
— 1949, 1951, 1952 a: Morphologie und Entwicklungsgeschichte der Zelle. In: Fortschr. d. Bot. **12**, **13**, **14**.
— 1952 b: Über angebliche Meiosen in somatischen Geweben. Öst. Bot. Z. **99**, 161.
— und HENRIETTE LAUBER, 1944: Endomitotische Polyploidisierung in Früchten. Naturwiss. **32**, 376.

GENTSCHEFF, G., and Å. GUSTAFSSON, 1939: The double chromosome reproduction in *Spinacia* and its causes. I., II. Hereditas (Lund) **25**, 349, 371.

GHIMPU, V., 1929: Sur la présence simultanée de mitoses diploides, didiploides et tetraploides chez les Acacia. C. R. Soc. Biol. **101**, 1122.
— 1930: Recherches cytologiques sur les genres *Hordeum, Acacia, Medicago, Vitis* et *Quercus*. Arch. Anat. Microsc. **26**, 135.

GLANCY, E. A., 1946: Micrurgical studies on *Chironomus* salivary chromosomes. Biol. Bull. **90**, 71.

GRAFL, INA, 1939: Kernwachstum durch Chromosomenvermehrung als regelmäßiger Vorgang bei der pflanzlichen Gewebedifferenzierung. Chromosoma **1**, 265.
— 1940: Cytologische Untersuchungen an *Sauromatum guttatum*. Öst. Bot. Z. **89**, 81.
— 1941: Über das Wachstum der Antipodenkerne von *Caltha palustris*. Chromosoma **2**, 1.

GREENLEAF, W. H., 1937: Induction of polyploidy in *Nicotiana*. Science **86**, 565.

GRELL, K. G., 1949: Die Entwicklung der Makronukleusanlage im Exkonjuganten von *Ephelota gemmipara*. Biol. Zbl. **68**, 289.
— 1950: Der Kerndualismus der Ciliaten und Suktorien. Naturwiss. **37**, 347.
— 1952: Cytologische Untersuchungen an *Aulacantha scolymantha*. Arch. f. Protk. **98**, 157.
— 1953: Die Konjugation von *Ephelota gemmipara* R. Hertw. Arch. f. Protk. **98**, 287.

GRELL, SISTER MARY, 1945: A study of somatic reduction division and related phenomena in *Culex pipiens*. Doctoral Dissertation, Fordham Univ.
— 1946 a: Cytological studies on *Culex*. I. Somatic reduction divisions. Genetics **31**, 60.
— 1946 b: II. ibid. **31**, 77.

GROSCH, D. S., 1950: Cytological aspects of growth in impaternate (male) larvae of *Habrobracon*. J. Morph. **86**, 153.

GUTTENBERG, H. v., 1909: Cytologische Studien an *Synchytrium*-Gallen. Jb. wiss. Bot. **46**, 453.

HÅKANSSON, A., 1951: Parthenogenesis in *Allium*. Bot. Not. (Lund), 143.

HARRISON, MARION F., 1951: Relation between polyploidy and the amounts of desoxynucleic acid per nucleus in the liver and kidney of adult rats. Nature (London) **168**, 248.

HARTMANN, M., 1909: Polyenergide Kerne. Studien über multiple Kernteilungen und generative Chromidien bei Protozoen. Biol. Zbl. **29**, 481.
— 1947: Allgemeine Biologie, 3. Aufl., Jena.
— 1952: Polyploide (polyenergide) Kerne bei Protozoen. Arch. f. Protk. **98**, 125.

HAUSCHKA, T. S., and A. LEVAN, 1951: Characterization of five *Ascites* tumors with respect to chromosome ploidy. Anat. Rec. **111**, 467.

HEITZ, E.: 1944: Kleine Beiträge zur Zellenlehre. II. Über die Riesenkerne der Schnecken und Asseln. Rev. Suisse de Zool. **51**, 402.

— 1951: Über Großkerne bei Collembolen. Zool. Anz. **146**, 197.

— und H. BAUER, 1933: Beweise für die Chromosomennatur der Kernschleifen in den Knäuelkernen von *Bibio hortulanus*. Z. Zellforschg. **17**, 67.

HELWEG-LARSEN, H. F., 1952: Nuclear class series. Kopenhagen.

HENKE, K., 1947: Einfache Grundvorgänge in der tierischen Entwicklung. Naturwiss. **34**, 1.

— und H. POHLEY, 1952: Differentielle Zellteilungen und Polyploidie bei der Schuppenbildung von *Ephestia kühniella*. Z. f. Naturf. **7 b**, 65.

HERTWIG, G., 1935: Die Vielwertigkeit der Speicheldrüsenkerne und -chromosomen von *Drosophila melanogaster*. Z. ind. Abst. Vererbgsl. **70**, 496.

— 1939: Der Furchungsprozeß des Mäuseeies, ein Beispiel für wiederholte Volumenhalbierung polymerer Kerne und Chromosomen durch multiple Sukzedanteilung. Z. mikr.-anat. Forsch. **45**, 37.

HÖPPNER, H., 1939: Die Rhythmik des Wachstums von Kern und Zelle bei *Fucus*. Z. Bot **34**, 497.

HOLT, C. M., 1917: Multiple complexes in the salivary tract of *Culex pipiens*. J. Morph. **29**, 607.

HOLZER, K., 1952: Untersuchungen zur karyologischen Anatomie der Wurzel. Öst. Bot. Z. **99**, 118.

HOY, W. E., and W. C. GEORGE, 1929: The somatic chromosomes of the Opossum *(Didelphis virginiana)*. J. Morph. Physiol. **47**, 201.

HUSKINS, C. L., 1947: The subdivision of the chromosomes and their multiplication in non-dividing tissues: possible interpretations in terms of gene structure and gene action. Am. Naturalist **81**, 401.

— 1948 a: Chromosome multiplication and reduction in somatic tissues. Nature **161**, 80.

— 1948 b: Segregation and reduction in somatic tissues. I. Initial observations in *Allium cepa*. J. Hered. **39**, 310.

— 1949: The nucleus in development and differentiation and the experimental induction of „meiosis". Proc. 8th Int. Genetics Congr., Hereditas (Lund) Suppl., 274.

— and K. C. CHENG, 1950: Segregation in somatic tissues. IV. Reduction groupings induced in *Allium cepa* by low temperature. J. Hered. **51**, 13.

— and L. CHOUINARD, 1950: Somatic reduction: diploid and triploid roots and a diploid shoot from a tetraploid *Rhoeo*. Genetics **35**, 115.

— and LOTTI N. STEINITZ, 1948 a: The nucleus in differentiation and development. I. Heterochromatic bodies in energic nuclei of *Rhoeo* roots. J. Hered. **39**, 35.

— — 1948 b: II. Induced mitosis in differentiated tissues of *Rhoeo* roots. Ibid. **39**, 67.

HUGHES-SCHRADER, SALLY, 1930: Cytology of several species of *Iceryine* Coccids, with special reference to parthenogenesis and haploidy. J. Morph. Phys. **50**, 475.

— 1942: The chromosomes of *Nautococcus schraderi* Vays., and the meiotic division figure of male *Llaveine Coccids*. J. Morph. **70**, 261.

— 1948: Cytology of Coccids. Advances in Genetics **2**, 127.

— and H. RIS, 1941: The diffuse spindle attachment of Coccids, verified by the mitotic behavior of induced chromosome fragments. J. exp. Zool. **87**, 429.

JACHIMSKY, H., 1937: Zur Cytologie der Antipodenkerne. Planta **26**, 608.

JACOBJ, W., 1925: Über das rhythmische Wachstum der Zellen durch Verdoppelung ihres Volumens. Arch. Entwmechanik. Organ. **106**, 124.

— 1935: Die Zellkerngröße beim Menschen. Ein Beitrag zur quantitativen Cytologie. Z. mikr.-anat. Forschg. **38**, 161.

JACOBSEN-PALEY, ROSE, 1920: Sur le haustorium et la formation de l'albumen dans l'*Arum maculatum*. Bull. Soc. Bot. Genève **12**, 55.

JÄHNL, GERTRUD, 1947: Endomitotische Polyploidie in sukkulenten Laubblättern. Chromosoma **3**, 48 (auszugsweise ohne Abb. auch: Über Polyploidie in sukkulenten Laubblättern; Biol. Zbl. **65**, 17, 1946).

JAKOWSKA, SOPHIE, 1949 a: Heterochromatin in the cruciferous plant *Physaria Geyeri*. Am. J. Bot. **36**, 798.

— 1949 b: The trichomes of *Physaria Geyeri, Physaria australis* and *Lesqerella Sherwoodii:* development and morphology. Bull. Torrey Bot. Cl. **76**, 177.

— 1951: The resting nucleus in *Physaria* and *Lesquerella*. Bull. Torrey Bot. Cl. **78**, 221.

KOLTZOFF, N. K., 1934: The structure of the chromosomes on the salivary glands of *Drosophila.* Science (N. Y.) **80**, 312.
KOSSWIG, C. und A. SENGÜN, 1947 a: Vergleichende Untersuchungen über die Riesenchromosomen der verschiedenen Gewebearten verschiedener Dipteren. C. r. ann. Arch. Soc. Turque Sci. Phys. Nat. **13**, 94.
— — 1947 b: Intraindividual variability of chromosome IV of *Chironomus.* J. Hered. **38**, 235.
KOSTOFF, D., and H. KENDALL, 1933: Studies on plant tumors and polyploidy produced by bacteria and other agents. Arch. Mikrobiol. **4**, 487.
LAMS, H., 1951: Le nombre des chromosomes chez l'homme et la polyploidie. Cellule **54**, 67.
LANGLET, O., 1927: Zur Kenntnis der polysomatischen Zellkerne im Wurzelmeristem. Sv. bot. Tidsr. **21**, 169.
LAUBER, HENRIETTE, 1947: Untersuchungen über das Wachstum der Früchte einiger Angiospermen unter endomitotischer Polyploidisierung. Öst. Bot. Z. **94**, 30.
LEUCHTENBERGER, CECILIE, G. KLEIN and EVA KLEIN, 1952: The estimation of nuclear acids in individual isolated nuclei of Ascites tumors by ultraviolett microspectrometry and its comparision with the chemical analysis. Cancer Res. **12**, 480.
LEUCHTENBERGER, CECILIE and F. SCHRADER, 1951: Relationship between nuclear volumes, amount of intranuclear proteins and desoxyribose nucleic acid (DNA) in various rat cells. Biol. Bull. **101**, 95.
— — 1952: Variation in the amounts of desoxyribose nucleic acid (DNA) in cells of the same tissue and its correlation with secretory function. Proc. Nat. Ac. Sci. U. S. A. **38**, 99.
LEVAN, A., 1939: Cytological phenomena connected with the root swelling by growth substances. Hereditas (Lund) **25**, 87.
— 1944: On the normal occurrence of chromosome doublings in second year root tips of sugar beet. Hereditas (Lund) **30**, 161.
— 1946: Heterochromaty in chromosomes during their contraction phase. Hereditas (Lund) **32**, 494.
— and T. S. HAUSCHKA, 1952: Chromosome numbers of three mouse Ascites tumours. Hereditas (Lund) **38**, 251.
— and THORAYA LOTFY, 1949: Naphthalene-acetic-acid in the *Allium* test. Hereditas (Lund) **35**, 337.
LINDSCHAU, M., 1933: Beiträge zur Cytologie der Bromeliaceen. Planta **20**, 506.
LIPP, CHRISTINE, 1953: Der Formwechsel der Chromosomen in Mitose, Endomitose und Pseudoendomitose bei *Corixa punctata.* Naturwiss. **40**, 27.
LITARDIÈRE M. R. DE, 1923: Les anomalies de la caryocinèse somatique chez la *Spinacia oleracea* L. Rev. gén. Bot. **35**, 369.
— 1925: Sur l'existence de figures didiploides dans le méristème radiculaire du *Cannabis sativa* L. Cellule **35**, 21.
— 1943: Recherches caryologiques et caryo-taxonomiques sur les Boraginacées. II. Nombres chromosomiques dans le genre *Echium.* Boissiera **7**, 155.
LORZ, A., 1937: Cytological investigations on five Chenopodiaceous genera with special emphasis on chromosome morphology and somatic doubling in *Spinacia.* Cytologia **8**, 241.
— 1947: Supernumerary chromosomal reproductions: polytene chromosomes, endomitosis, multiple chromosome complexes, polysomaty. Bot. Rev. **13**, 597.
MAINX, F., 1949: The structure of the giant chromosomes in some Diptera. Proc. 8th Int. Congr. Genetics. Hereditas (Lund), Suppl. 622.
MECHELKE, F., 1952: Die Entstehung der polyploiden Zellkerne des Antherentapetums bei *Antirrhinum majus* L. Chromosoma **5**, 246.
MELANDER, Y., 1950: Studies on the chromosomes of *Ulophysema öresundense.* Hereditas (Lund) **36**, 233.
MELETTI, P., 1950: Reacioni cito-istologiche ed effetti rizogeni in plantule di Leguminose trattate con 2,4-D. N. Giorn. Bot. Ital., n. s. **57**, 499.
METZ, CH. W., 1916: Chromosome studies on the Diptera. II. The paired association of chromosomes in the Diptera and its significance. J. exp. Zool. **21**, 213.
MEURMAN, O., 1933: Chromosome morphology, somatic doubling and secondary association in *Acer platanoides.* Hereditas (Lund) **18**, 145.
MIDUNO, T., 1937: Chromosomenstudien an Orchidaceen. I. Mixoploidie bei *Cephalanthera* und *Epipactis.* Cytologia **8**, 505.
MILOVIDOV, P. F., 1936: Über den Gehalt der hyperchromatischen somatischen Zellkerne an Thymonukleinsäure. Planta **25**, 197.

MIRSKY, A. E. and H. RIS, 1949: Variable and constant components of chromosomes. Nature (N. Y.) **163**, 666.

MOFFETT, A. A., 1932: Studies on the formation of multinuclear giant pollen grains in *Kniphofia*. J. Genet. **25**, 315.

MONSCHAU, M., 1930: Untersuchungen über das Kernwachstum bei Pflanzen. Protoplasma **9**, 536.

MONTEFOSCHI, SILVIA, 1951/52: Ricerche sulla funzione delle cellule folliculare e sulla sua relazione con la spermatogenesi in *Anilocra*. Caryologia **4**, 25.

MONTALENTI, G., 1940: Cellule con nuclei giganteschi nelle gonadi dei *Cimatoidi*. Boll. Soc. Biol. Sper. **15**, 1108.

— 1949: A new type of polyploid nucleus in gland cells of Cymathoids (Crust. Isop.) and its cyclic modifications during the phases of activity of the cell. Proc. 6th Int. Congr. Exp. Cytol.: Exp. Cell Research, Suppl. **1**, 123.

NĚMEC, B., 1905: Studien über die Regeneration. Berlin.

— 1931: Mixoploidy and the cellular theory. Proc. 5th Int. Bot. Congr. Cambridge 233.

OKSALA, T., 1939: Über Tetraploidie der Binde- und Fettgewebe bei den Odonaten. Hereditas (Lund) **25**, 132.

OLSZEWSKA, MARIA J., 1952: Sur la mixoploidie chez *Narcissus poëticus* L. Acta Soc. Bot. Pol. **31**, 685.

PÄTAU, K., 1950: A correlation between separation of the two chromosome groups in somatic reduction and their degree of homologous segregation. Genetics **35**, 128.

— and R. P. PATIL, 1951: Mitotic effects of sodium nucleate in root tips of *Rhoeo discolor*. Chromosoma **4**, 470.

— and LOTTI M. STEINITZ, 1953: Reductional groupings in root tips of *Rhoeo discolor*. J. Hered., im Druck.

PAINTER, T. S., 1933: A new method for the study of chromosome rearrangements and the plotting of chromosome maps. Science (N. Y.) **78**, 585.

— 1940: On the synthesis of cleveage chromosomes. Proc. Nat. Acad. Sci. U. S. A. **26**, 95.

— 1945: Nuclear phenomena associated with secretion in certain gland cells with especial reference to the origin of cytoplasmic nucleic acid. J. exp. Zool. **101**, 523.

— and A. B. GRIFFEN, 1937: The structure and the development of the salivary gland chromosomes of *Simulium*. Genetics **22**, 612.

— and ELIZABETH C. REINDORP, 1939: Endomitosis in the nurse cells of the ovary of *Drosophila melanogaster*. Chromosoma **1**, 276.

PAVAN, C. and M. E. BREUER, 1952: Polytene chromosomes in different tissues of *Rhynchosciara*. J. Hered. **43**, 151.

PEASE, D. C., and R. F. BAKER, 1949: Preliminary investigations of chromosomes and genes with the electron microscope. Science (N. Y.) **109**, 8, 22.

PIEKARSKI, G., 1939: Cytologische Untersuchungen an einem normalen und an einem Micronucleus-losen Stamm von *Colpoda steini*. Arch. f. Protk. **92**, 117.

— 1941: Endomitose beim Großkern der Ziliaten? Biol. Zbl. **61**, 416.

POPOFF, M., 1908: Über das Vorhandensein von Tetradenchromosomen in den Leberzellen von *Paludina vivipara*. Biol. Zbl. **28**, 555.

POTTER, J. S. and E. N. WARD, 1940: The development of the megacaryocyte in adult mice. Anat. Rec. **77**, 77.

REITBERGER, A., 1949: Polyploide Ruhekerne bei Cruciferen. Naturwiss. **36**, 380.

RESCH, A., 1952: Untersuchungen über Kerndifferenzierung in peripheren Zellschichten der Sproßachse einiger Blütenpflanzen. Chromosoma **5**, 296.

RIES, E., 1937 a: Lebenszyklen und Arbeitsrhythmus von Zellen. Verh. Deutsch. Zool. Ges. 171.

— 1937 b: Entwicklungs- und Differenzierungsperioden im Leben der Zelle. Naturwiss. **25**, 241.

— 1939: Die Bedeutung spezifischer Mitosegifte für allgemeine biologische Probleme. Naturwiss. **27**, 505.

RISLER, H. H., 1948: Die Chromosomenanzahl in der Spermatogenese und in somatischen Zellen von *Ptychopoda seriata*. Z. f. Naturf. **3 b**, 374.

— 1950: Kernvolumenänderungen in der Larvenentwicklung von *Ptychopoda seriata*. Biol. Zbl. **69**, 11.

Rosenberg, O., 1904: Über die Individualität der Chromosomen im Pflanzenreich. Flora (Jena) **93**, 251.

Sanderson, Ann, 1932: The cytology of parthenogenesis in Tenthredinidae. Genetica **14**, 321.

Schrader, F., 1935: Notes on the behavior of long chromosomes. Cytologia **6**, 422.

— 1941: Heteropycnosis and non homologous association of chromosomes in *Edessa irrorata*. J. Morph. **69**, 587.

— and Cecilie Leuchtenberger, 1949: Variation in the amount of desoxyribose nucleic acid in different tissues of *Tradescantia*. Proc. Nat. Acad. Sci. **35**, **464**.

— — 1950: A cytochemical analysis of the functional interrelations of various cell structures in *Arvelius albopunctatus* (De Geer). Exp. Cell Res. **1**, 421.

Schuh, J. E., 1951: Some effects of colchicine on the metamorphosis of *Culex pipiens*. Chromosoma **4**, 456.

Schulze, K. L., 1939: Cytologische Untersuchungen an *Acetabularia mediterranea* und *Acetabularia Wettsteinii*. Arch. f. Protk. **92**, 179.

Scott, Flora, M., 1939/40: Size of nuclei in the shoot of *Ricinus communis*. Bot. Gaz. **101**, 625.

— 1942/43: Survey of anatomy, ergastic substances, and nuclear size in *Echinocystis macrocarpa* and *Cucurbita pepo*. Bot. Gaz. **104**, 394.

— 1944: Cytology and microchemistry of nuclei in developing seed of *Echinocystis macrocarpa*. Bot. Gaz. **105**, 329.

Sengün, A., 1948: Vergleichend ontogenetische Untersuchungen über die Riesenchromosomen verschiedener Gewebearten der Chironomiden. I. Comm. Fac. Sci. Univ. Ankara **1**, 187.

Siniscalco, M., 1951/52: Sulle variazioni morfologiche ed istochimiche del nucleo e del citoplasma nelle cellule secretrici di *Anilocra physodes* (Crust. Isopod.). Caryologia **4**, 1.

Slizynski, B. M., 1950: Partial breakage of salivary gland chromosomes. Genetics **35**, 279.

Stein, Emmy, 1937: Die Doppelchromosomen im Blütenbezirk der durch Radiumbestrahlung erzeugten Mutante „cancroidea" von *Antirrhinum majus*. (Somatische Chromosomenreduktion.) Z. Abstammungslehre **72**, 267.

— 1942 a: Zytologische Untersuchungen an *Antirrhinum majus*. Endomitoseentwicklung. Chromosoma **2**, 308.

— 1942 b: Über einige durch Radiumbestrahlung erzeugte Periklinalchimären von *Petunia* und *Antirrhinum siculum* mit Veränderungen der Zellstruktur. Biol. Zbl. **62**, 483.

— 1948: Über Fragen des Zellkernwachstums und der Chromosomenvermehrung. Klin. Wochenschr. 673.

Stevens, N. M., 1908: A study of the germ cells of certain Diptera, with reference to the heterochromosomes and the phenomena of synapsis. J. exp. Zool. **5**, 359.

— 1910: The chromosomes of the germ cells of *Culex*. J. exp. Zool. **8**, 207.

Stomps, T. J., 1910: Kernteilung und Synapsis bei *Spinacia oleracea*. Biol. Zbl. **31**, 267.

Subramaniam, M. K., 1948: Studies on the cytology of yeasts. IV. Endopolyploidy in yeasts. Proc. Nat. Inst. Sci. India **14**, 325.

Suomalainen, E., 1953: The kinetochore and the bivalent structure in the Lepidoptera. Hereditas **39**, 88.

Swift, H. H., 1950: The constancy of desoxyribose nucleic acid in plant nuclei. Proc. Nat. Acad. Sci. U. S. A. **36**, 643.

Teir, T., 1944: Über Zellteilung und Kernklassenbildung in der Glandula orbitalis externa der Ratte. Helsingfors. Acta path. et microbiol. Scand., Suppl. **51**, II.

Therman, Eeva, 1951: The effect of indole-3-acetic acid on resting plant nuclei. I. *Allium cepa*. Ann. Acad. Sci. Fennicae, ser. A, IV. Biol. **16**, 1.

— and S. Timonen, 1950: Multipolar spindles in human cancer cells. Hereditas (Lund) **36**, 393.

— — 1951: Inconstancy of the human somatic chromosome complement. Hereditas (Lund) 37, 266.

Timonen, S., 1950: Mitosis in normal endometrium and genital cancer. Acta obstetr. gynek. Scand. **31**, Suppl. 2.

— and Eeva Therman, 1950: The changes in the mitotic mechanism of human cancer cells. Cancer Res. **10**, 431.

TJIO, J. H., 1948: The somatic chromosomes of some tropical plants. Hereditas (Lund) **34**, 135.

TROMBETTA, VIVIAN V., 1939: The cytonuclear ratio in developping plant cells. Am. J. Bot. **26**, 519.

TSCHERMAK-WOESS, ELISABETH, 1947: Über chromosomale Plastizität bei Wildformen von *Allium carinatum* und anderen *Allium*-Arten aus den Alpen. Chromosoma **3**, 66.

— und RUTH DOLEŽAL, 1953: Durch Seitenwurzelbildung induzierte und spontane Mitosen in den Dauergeweben der Wurzel. Öst. Bot. Z. **100**, 358.

— und EVA FENZL, 1954: Untersuchungen zur karyologischen Anatomie der Achse der Angiospermen. Öst. Bot. Z. **101**, 140.

— und GERTRUDE HASITSCHKA, 1953: Veränderungen der Kernstruktur während der Endomitose, rhythmisches Kernwachstum und verschiedenes Heterochromatin bei Angiospermen. Chromosoma **5**, 574.

— — 1954: Über die endomitotische Polyploidisierung im Zuge der Differenzierung von Trichomen und Trichozyten bei Angiospermen. Öst. Bot. Z. **101**, 79.

TUSCHNJAKOWA, M., 1929: Untersuchungen über die Kernbeschaffenheit einiger diözischer Pflanzen. Planta **7**, 29.

VAAREMA, A., 1948: Cryptic polyploidy and variation of chromosome number in *Ribes nigrum*. Nature (London) **162**, 782.

— 1949: Spindle abnormalities and variation in chromosome number in *Ribes nigrum*. Hereditas (Lund) **36**, 136.

VEJDOVSKÝ, F., 1911/12: Zum Problem der Vererbungsträger. Verlag d. königl. böhm. Ges. Wiss., Prag.

VENDRELY, COLETTE, CÉCILIE LEUCHTENBERGER et R. VENDRELY, 1951: Sur la constance de la teneur du noyau cellulaire en acide désoxyribonucléique. C. R. Ac. Sci. Paris **232**, 2362.

VITAGLIANO, GIOVANNA, 1948: Il metabolismo dell'acido ribonucleico nella spermatogenesi di *Asellus aquaticus*. Ricerca Scient. **18**, 840.

VIVEIROS, A., 1949—1951: Karyological studies on the Aloinae. VI. Polyploidy, asynchronous chromonemata multiplication and general karyotype. Port. Acta Biol., Ser. A., Goldschmidt-Vol. 200.

WEBER, U. und J. DEUFEL, 1951: Zur Zytologie der Drüsenhaare von *Achillea millefolium*. Arch. Pharmaz. **284**, 318.

WEICKER, H. und H. G. NÖLLER, 1951: Morphologische Beobachtungen über den Vermehrungs- und Kernteilungsmechanismus der Knochenmarkriesenzellen. Klin. Wochenschr. 184.

WETTSTEIN, F. v., 1924: Morphologie und Physiologie des Formwechsels der Moose auf genetischer Grundlage. I. Z. Abstammgsl. **33**, 1.

WHITE, M. J. D., 1946: The cytology of the *Cecidomyidae* (Diptera). I. Polyploidy and polyteny in salivary gland cells of *Lestodiplosis* spp. J. Morph. **78**, 210.

— 1948: IV. The salivary-gland chromosomes of several species. J. Morph. **82**, 53.

WILSON, E. B., 1928: The cell in development and heredity. New York.

WILSON, G. B., M. E. HAWTHORNE, and T. M. TSOU, 1951: Spontaneous and induced variations in mitosis. J. Hered. **42**, 183.

— and C. CHENG, 1949: Segregation and reduction in somatic tissues. II. The separation of homologous chromosomes in *Trillium* species. J. Hered. **40**, 2.

WINGE, O., 1927: Cytologische Untersuchungen über die Natur maligner Tumoren. I. „Crown-gall" der Zuckerrübe. Z. Zellf. mikr. Anat. **6**, 397.

— 1930: Teerkarzinome bei Mäusen. Z. Zellf. mikr. Anat. **10**, 683.

WINKLER, H., 1916: Über die experimentelle Erzeugung von Pflanzen mit abweichenden Chromosomenzahlen. Z. Bot. **8**, 417.

WIPF, LUISE, 1940: Chromosome numbers in root nodules and root tips of certain Leguminosae. Bot. Gaz. **101**, 51.

— and D. C. COOPER, 1940: Somatic doubling of chromosomes and nodular infection on certain Leguminosae. Am. J. Bot. **27**, 821.

WITKUS, E. R., 1945: Endomitotic tapetal cell divisions in *Spinacia*. Am. J. Bot. **32**, 326.

— and CH. A. BERGER, 1947: Polyploid mitosis in the normal development of *Mimosa pudica*. Bull. Torrey Bot. Cl. **74**, 279.

WITSCH, H. v., und ANNA FLÜGEL, 1951: Über photoperiodisch induzierte Endomitosen bei *Kalanchoë Blossfeldiana*. Naturwiss. **38**, 138.

— 1952: Über Polyploidieauslösung im Kurztag bei *Kalanchoë Blossfeldiana*. Z. Bot. **40**, 281.

WITTE, SISTER MARIE B., 1947: A comparative cytological study of three species of the *Chenopodiaceae*. Bull. Torrey Bot. Cl. **74**, 443.

WULFF, H. D., 1936: Die Polysomatie der Chenopodiaceen. Planta **26**, 275.

— 1940: Die Polysomatie des Wurzelperiblems der Aizoaceen. Ber. Dtsch. Bot. Ges. **58**, 400.

— 1944: Untersuchungen zur Zytologie und Systematik der Aizoaceen — *Subtribus Gibbaeinae* Schwant. Bot. Arch. **45**, 149.

YAMPOLSKY, C., 1937: The cytology of the ovarial trichomes of *Mercurialis annua*. Cytologia **8**, 208.

Nachträge [1])

In einer Literaturstudie (Polyploidy in the differentiation and function of tissues and cells in plants, a critical examination of the literature; Caryologia 4, 311, 1952) bringt F. D'AMATO das gesamte Schrifttum einschließlich mehr zufälliger und unverstandener Notizen, doch ausschließlich meiner Darstellung 1941 (Ergebn. d. Biologie 18, 1—54), in welcher der Begriff Endomitose gebildet und Wesen und Bedeutung der e. P. dargelegt wird. Infolge dieser Vergeßlichkeit zitiert D'AMATO stets „1948" statt „1941", wodurch die angestrebte Chronologie leidet und sich das Konzept verschiebt. Die Studie enthält daher auch keine scharfe begriffliche Unterscheidung zwischen Polyploidisierung in Dauergeweben als allgemeine Gesetzmäßigkeit und dem Sonderfall ihrer Entstehung in Meristemen, und daher erscheinen auch die grundlegenden Befunde GRAFLS (1939) nur als Anhängsel und nur soweit berücksichtigt, als sie sich auf die Knolle von *Sauromatum* beziehen [2]. Zu den Untersuchungen über Früchte wäre, wenn auf richtige Chronologie Gewicht gelegt wird, „GEITLER und LAUBER 1944" statt „LAUBER 1947" zu zitieren. Auch durch die Nichtbenützung der entsprechenden Abschnitte in den „Fortschritten der Botanik" begibt sich diese kritische Literaturstudie der Möglichkeit einer Stellungnahme zu gegenteiligen Auffassungen und setzt sich mit bestehenden Ansichten nicht auseinander. — Als Endomitosen will D'AMATO bloß die Fälle gelten lassen, in denen im außermitotischen Kern Trennung am Centromer erfolgt; da dies bei Angiospermen oft nicht zutrifft, wäre hier keine Endomitose gegeben.

Eine in allgemeiner Hinsicht wichtige, vertiefte Untersuchung der e. P. bei Heteropteren führte CHRISTINE LIPP für die Bildungszellen der Borsten der Wasserwanze *Corixa* durch (Über Kernwachstum, Endomitosen und Funktionszyklen in den trichogenen Zellen von *Corixa punctata* Illig., Chromosoma 5, 454, 1953). Die Endomitose selbst ist durch ein mittleres Stadium stärkster Chromosomenkontraktion ausgezeichnet, das anscheinend so weit wie in einer Metaphase geht. (Ob ein solches maximales Endomitosestadium eine Eigenheit von *Corixa* darstellt oder wegen seiner kurzen Dauer bei anderen Wanzen bisher übersehen wurde, bleibt noch zu über-

[1] Das Manuskript wurde Anfang Februar 1953 abgeschlossen.

[2] GRAFLS Untersuchungen 1940 sind nicht zitiert; die irrtümlich unter 1940 zitierten sind 1941 erschienen. Das Literaturverzeichnis enthält auch sonst zahlreiche Fehler. — Die Zitierung HUSTEDS beruht auf einem sachlichen Mißverständnis; MOFFETTS Angaben und manche andere erscheinen in dem verwendeten Zusammenhang zumindest sehr unsicher.

prüfen.) — In jedem Larvenstadium erfolgt (in den trichogenen Zellen) höchstens eine einzige Endomitose; sie nimmt fast den ganzen Zeitraum zwischen zwei Häutungen ein. In der Imago wird maximal 32-Ploidie erreicht, andere Borsten erreichen nur 16-Ploidie. Endoprophase einerseits und Endotelophase andererseits fallen mit zwei Arbeitsphasen zusammen, die die Epidermiszellen in jedem Larvenstadium durchlaufen: in der ersten Phase erfolgt Bildung von Ribose-NS. im Plasma, in der zweiten Ausscheidung und Chitinisierung der Cuticula. Den gleichen Entwicklungszyklus machen auch jene Zellen durch, die keine Endomitose, sondern eine Pseudoendomitose erfahren (in der Pseudoendomitose durchlaufen die Chromosomen den gleichen äußerlichen Formwechsel wie in der Endomitose, und zwar synchron mit den Endomitosen anderer Zellen, teilen sich aber nicht; der Kern behält seine Polyploidiestufe). — Das Kernvolumen hängt nicht allein von der Polyploidiestufe ab, sondern wird auch durch extranukleare Faktoren bestimmt. Es ist vor allem sehr stark funktionell, und zwar in exakt erfaßbarer Weise veränderlich. Nichtfunktionelles Wachstum erfolgt auch ohne Endomitose, wie sich dies für bestimmte Zellen, die in einem Larvenstadium keine Endomitose erfahren, unmittelbar nachweisen läßt. Die Endomitose wird einerseits offensichtlich durch das Zellwachstum, welches Kernwachstum nach sich zieht, ausgelöst, andererseits ist dem Kernwachstum eine Grenze durch die Chromosomenzahl gesetzt. — Das Verhältnis der Mittelwerte der Kernvolumina von $2n$ bis $32n$ beträgt für die Altersklasse I, in der kein funktionelles Kernwachstum stattfindet, in den verschiedenen Larvenstadien und der Imago 1 : 1,4 : 2,3 : 3,0 : 3,2; der Vergrößerungsfaktor beträgt also nur 1,32. Im Zustand funktioneller Vergrößerung verglichene Kernvolumina ergeben einen etwas größeren Wachstumsfaktor; in diesem Zustand wirkt sich also die Chromosomengröße stärker aus, woraus LIPP schließt: „Höhere Chromosomenzahlen scheinen vor allem für die Funktionstüchtigkeit der Zelle erforderlich zu sein.“ — Die Tatsache, daß der Größenzuwachs von einer Polyploidiestufe auf die nächste nur gering ist, kann damit zusammenhängen, daß die Chromosomen in den diploiden Ausgangskernen dicker als in den polyploiden sind, und zwar vielleicht um so viel, als es der endgültigen Chromosomenzahl entspricht; diese Annahme ist allerdings nicht genauer belegt (S. 466, 467). Übrigens ist in verschiedenen Geweben und auch innerhalb desselben Gewebes das Verhältnis zwischen Chromosomenzahl und Kernvolumen verschieden; es besteht aber keine Parallelität zwischen Chromosomen- und Kernvolumen: bei gleicher Chromosomenzahl sind die Kerne der Haarbildungszellen größer und haben kleinere Chromosomen als die der Borstenbildungszellen mit größeren Chromosomen. — Die Untersuchung zeigt, wie verwickelt und schwer deutbar die Zusammenhänge sind, aber auch, in welcher Richtung solche Untersuchungen fruchtbar fortgesetzt werden können.

Namenverzeichnis

Verzeichnis der Pflanzennamen

Verzeichnis der Tiernamen

Berichtigungen

S. 4, Zeile 11 von unten: lies „REINDORP" statt „REINDORF".
S. 7, Zeile 21 von oben: setze vor „WINGE" eine Klammer.
S. 21, Fußnote 15: setze ans Ende eine Klammer.
S. 48, Zeile 13 von unten: lies „von" statt „mit".
S. 49, Zeile 13 von oben: lies „1952" statt „1052".
S. 55, Zeile 13 von unten: lies „1954" statt „1953 b".
S. 56, Zeile 5 von oben: vor „Embryosäcken" ist einzufügen: „Zellen von".
S. 70, Zeile 9 von oben: lies „dürfte" statt „düfte".
S. 72, Zeile 1 von oben: nach „53" gehört die Klammer weg.
S. 73, Zeile 5 von oben: nach „50" gehören Klammer und Punkt weg.
S. 73, Fußnote 54, Zeile 2 und 3: nach „Mitosen" setze „ab".
S. 85, Zeile 11 von unten: lies „1953" statt „1933".